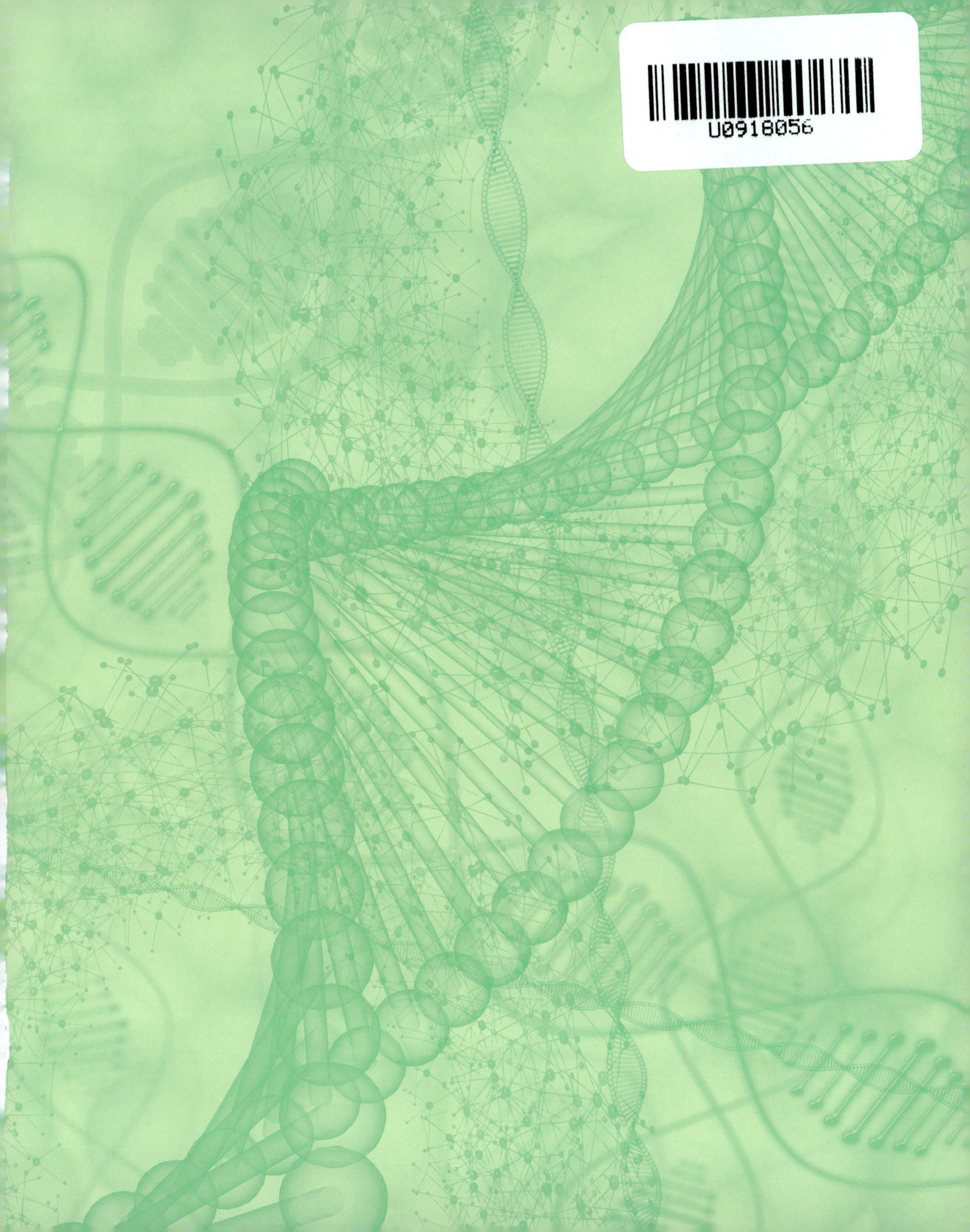

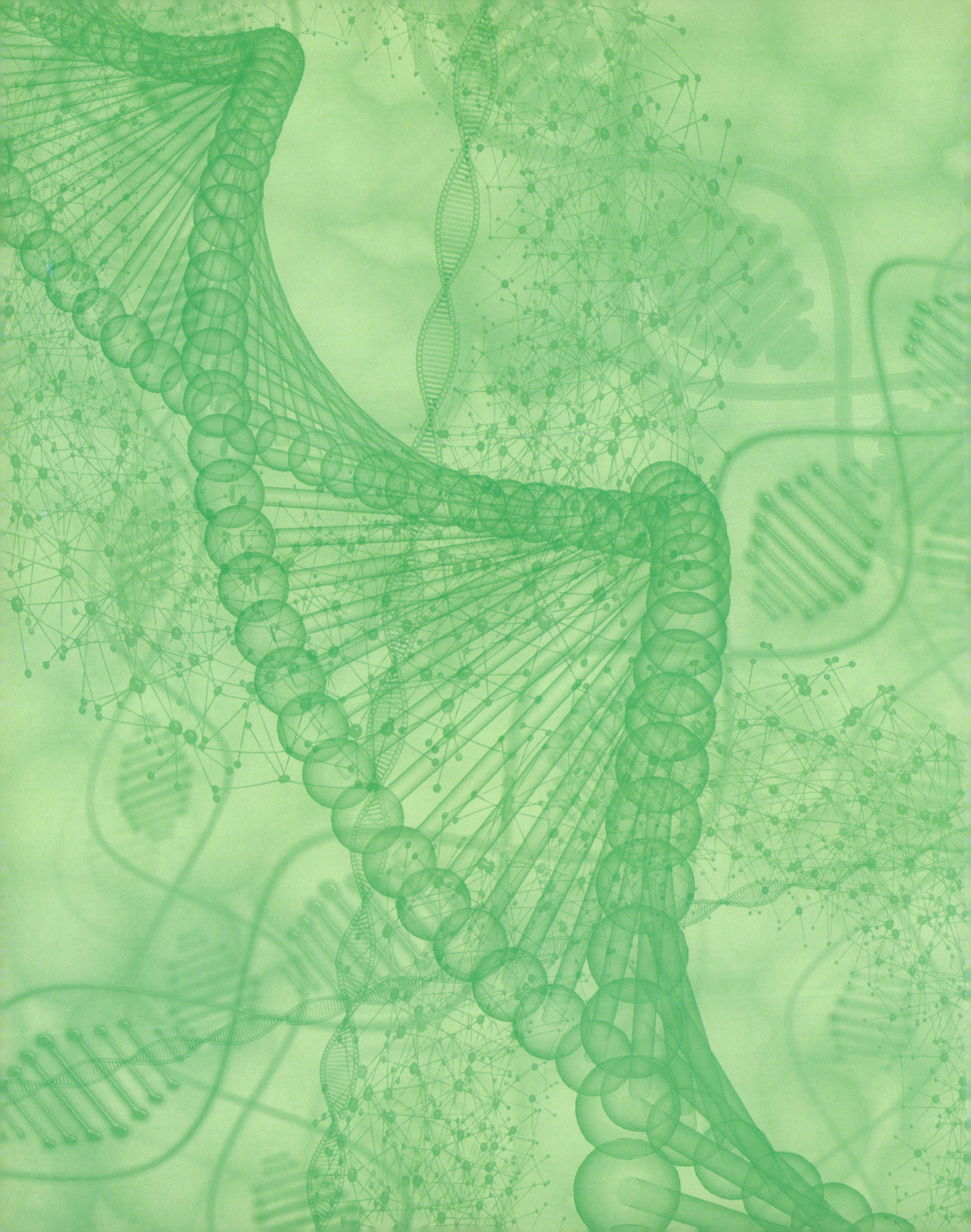

猴 面 包 树

读懂基因

［美］ 海上云 著

浙江教育出版社·杭州

图书在版编目（CIP）数据

读懂基因 /（美）海上云著. -- 杭州 ：浙江教育出版社，2024. 11. -- ISBN 978-7-5722-8589-9

Ⅰ. Q3-49

中国国家版本馆CIP数据核字第2024K7W161号

引进版图书合同登记号　浙江省版权局图字　11-2024-429

读懂基因

DUDONG JIYIN

[美] 海上云　著

总 策 划	李　娟	**执行策划**	邓佩佩
责任编辑	傅美贤	**责任校对**	王晨儿
美术编辑	韩　波	**责任印务**	曹雨辰

出版发行　浙江教育出版社（杭州市环城北路177号）
印　　刷　北京盛通印刷股份有限公司
开　　本　787mm × 1092mm　1/16
印　　张　14.5
字　　数　269 000
版　　次　2024年11月第1版
印　　次　2024年11月第1次印刷
标准书号　ISBN 978-7-5722-8589-9
定　　价　68.00元

序

2020年，一场全球性的新冠病毒肺炎疫情在一定程度上改变了我们的生活方式。比细菌更为微小，不具有细胞结构，病毒这种主要由蛋白质和核酸构成的生物，具有强大的增殖、变异、演化和感染能力。

2020年，诺贝尔化学奖授予了发明基因编辑技术CRISPR的科学家。有了CRISPR，科学家可以很方便地进行基因编辑。而发明这项技术最早的灵感，来自细菌对抗病毒的机理。

近年来，现代生物学和遗传学的各种名词和概念得到广泛的传播。基因、染色体、DNA、RNA和mRNA等生物学名词，从来没有像今天这样接近人们的生活。

2020年，笔者在因疫情宅家的日子里，写了这本科普书。

这本书延续“给少年的诗意科学课”系列的写作方式，通过讲述科学家探索生物学知识的故事，有趣地展现了遗传学的发展历程。

你是否知道我们人类的染色体数曾被认为是48条（24对）？因为人类的近亲——猿、猩猩、猴子的染色体数目都是48条。直到1956年，美籍华裔遗传学家蒋有兴首次发现人的体细胞的染色体数目为46条，原来的推论才被打破。

为什么人类的染色体比猿类少两条呢？很可能是在进化过程中，某些染色体融合了。从融合的那个时刻起，人和猿在进化的路上分道扬镳了。

你是否知道人体一个小小细胞中的DNA分子展开来有2米长？你身体里所有DNA螺旋拼接起来的长度，相当于地球到太阳约250个来回的距离。想象一下，所有人类的DNA连接起来有多长？

你是否知道未来男性的 Y 染色体可能会消失？

你是否知道我们人类的 DNA 中只有 2% 的碱基被用作蛋白质编码？在很长时间内很多人认为 DNA 中其余的 98% 是“垃圾”，后来的科学家在“垃圾”中发现越来越多的宝藏。

科学研究最注重的是创新，科普书同样需要与众不同的创意。这本书让科学和诗歌有更多的结合：

用三字经的形式解释遗传密码

用回文诗解释 CRISPR 工作原理

用唐诗解释蛋白质的氨基酸排序规则和 DNA 测序原理

引用了曹操、李白、白居易、王维、陆游、席慕蓉、威廉·布莱克等人的诗歌

希望你能在轻松快乐的阅读中，学习遗传学的知识，获得不同于教科书和在课堂上学习的体验。

理查德·道金斯在《自私的基因》中说道：“我们是生存机器，是被盲目编程的自动机械，为的是保护叫做基因的自私分子。”这是一个至今仍使我感到震惊的事实。

实际上，更让我震惊的是，这样的事实为什么会被人类发现？在这个星球上，我们是唯一发现了这个事实的生物。而且，我们还拥有了编辑基因的能力，从某种程度上来说，也就是拥有了“造物”的能力。这究竟是祸，还是福？

- **我们能否摆脱道金斯所说的宿命？**
- **我们能否在与病毒的基因之战中赢得胜利？或者和平相处？**
- **我们能否通过基因技术获得长生？**
- **我们能否完全读懂 DNA？**

从孟德尔的豌豆实验到今天人类进行基因编辑，现代遗传学只有短短 150 年左右的历史。再过 150 年，人类在遗传学方面还能达到怎样的高度？

这个问题已经位于哲学的层次，这本书无法给出明确的答案。但是，这本书中的故事和基础知识可以帮助你，让你更好地为未来的探索做好准备。

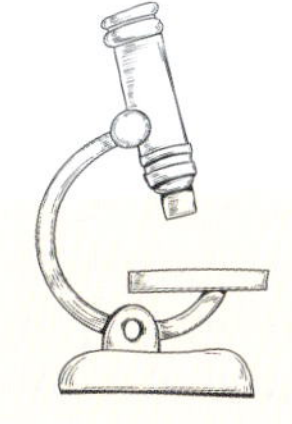

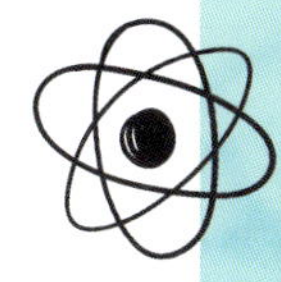

我们的身上，
微观和宏观交融合一。

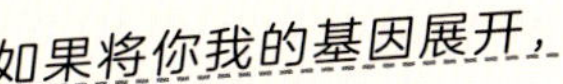

如果将你我的基因展开，
一段段连接，
一根星空的琴弦，
可延伸到光年之外。

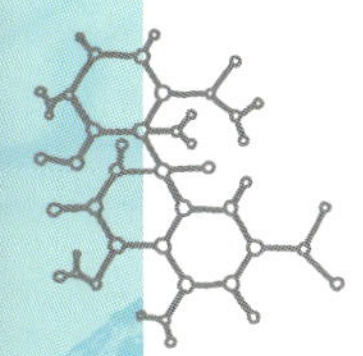

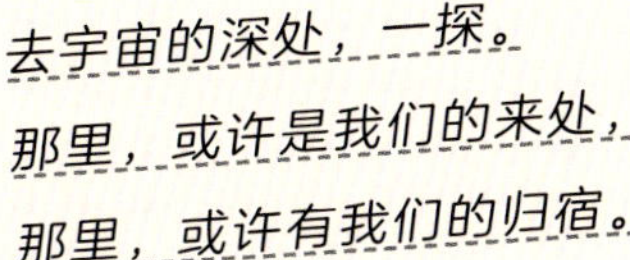

去宇宙的深处，一探。
那里，或许是我们的来处，
那里，或许有我们的归宿。

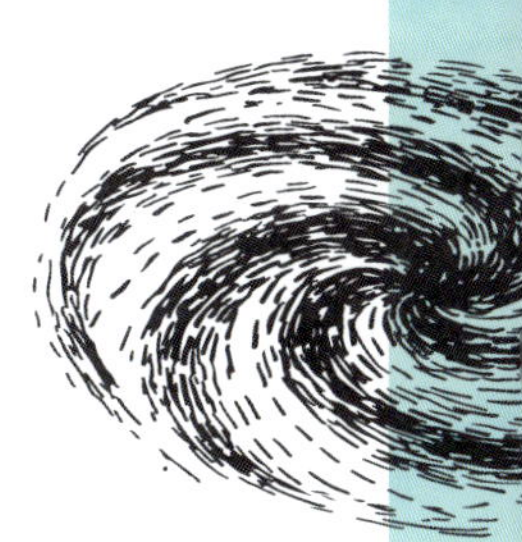

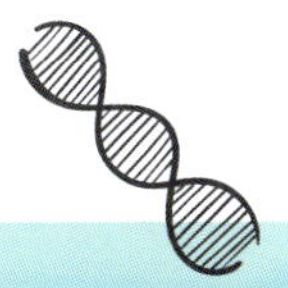

目 录

第 1 讲　爱豆的一生　1

第 2 讲　给点颜色看看　15

第 3 讲　原来你在这里　27

第 4 讲　给你一个“大白眼”　41

第 5 讲　谁说了算　53

第 6 讲　核酸的历程　65

第 7 讲　“打破”蛋白问到底　77

第 8 讲　终于找到你　89

第 9 讲　生命的旋梯　99

第 10 讲　君不见黄河之水天上来　113

第 11 讲　化身千亿　125

第 12 讲　信使的使命　139

第 13 讲　解密三字经　149

第 14 讲　读你千遍　165

第 15 讲　创生记　181

第 16 讲　那一次的相遇　189

第 17 讲　回文剪刀手　199

第 18 讲　长生之梦　211

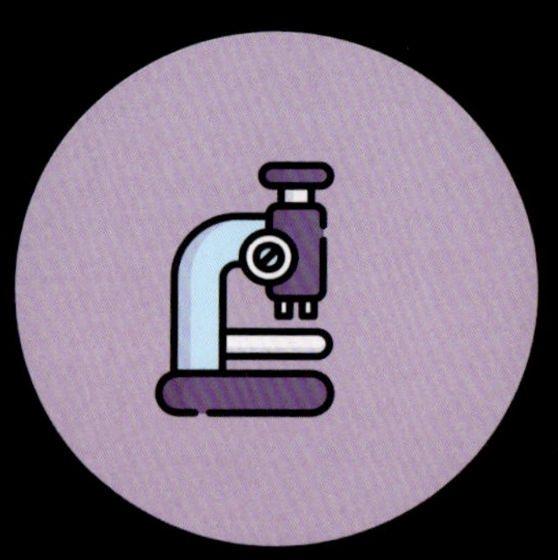

第1讲

爱豆的一生

星星发亮，

是为了让每一个人

有一天都能找到

属于自己的星星。

◉ **安东尼·德·圣－埃克苏佩里《小王子》**

1

种豆修士

如果在1858年春天，你来到布隆城修道院，相信你会被一片豌豆花吸引住。阳光下盛开的豌豆花，犹如一只只蝴蝶在豆苗间翻飞，有梦幻般的紫色，有雪花般的白色。

人间四月芳菲尽，
山寺桃花始盛开。
长恨春归无觅处，
不知转入此中来。
——[唐]白居易《大林寺桃花》

一位戴着眼镜的修道士，穿着黑色的长袍，在豆苗圃忙碌着。他用小剪刀剪去一朵花的花药，这是花的雄蕊顶端产生花粉的地方，再用笔刷蘸上花粉，刷到另一朵花的花柱上。他做的是“异花传粉”。

▼ 豌豆苗

他一干就是几小时，偶尔休憩时，或许会用手轻捶自己的腰。

春光明媚，偶有蜂蝶飞来飞去。他为什么不让蜂蝶为豌豆花传粉呢？再不济，还有春风吹过，可以将花粉从一朵豌豆花吹落到另一朵豌豆花上。

他是在控制花粉的传播，确保某一朵花的花粉传播到另一朵选定的花上。风媒的手，蝴蝶的翅，在他的眼中，都是乱点鸳鸯谱的捣蛋鬼。

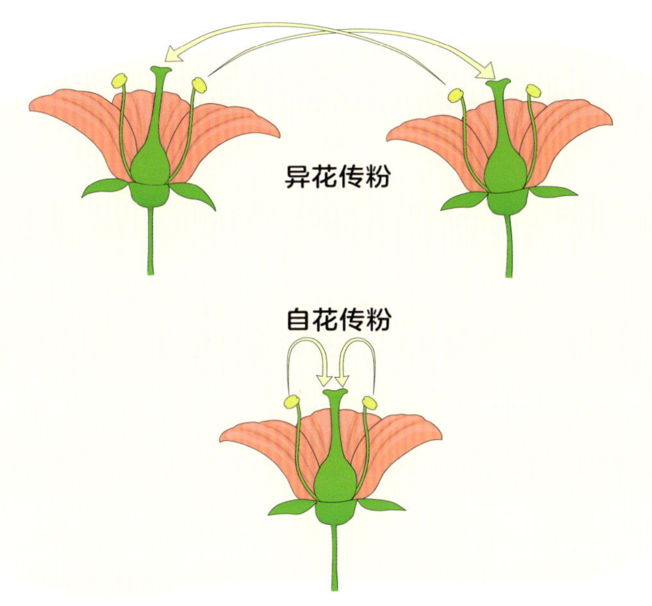

▲ 异花传粉和自花传粉

“亲爱的，你慢慢飞，小心别碰豌豆的花蕊”——这可能是他边干活边轻哼的小曲儿。孟德尔如此细心呵护的这些豌豆，好似他的儿女。

“亲爱的，你慢慢飞，小心别碰豌豆的花蕊”——这可能是他边干活边轻哼的小曲儿。孟德尔如此细心呵护的这些豌豆，好似他的儿女。

做这样的事情，让他快乐，让他想起年少时外公和父母在园子里劳作的情景。园艺，这门家传的手艺，到了他这里已经是第三代了。

这位修道士叫孟德尔。他最大的兴趣是做研究。修道院的院长十分器重他，专门开辟了一个苗圃让他种植豌豆。前几年还送他去维也纳大学进修学习。

▶ 格雷戈尔·孟德尔（1822—1884）

今年已经不是孟德尔第一年种

豌豆了。有些神奇的事情开始发生了。

实验正式开始的那一年，他用笔刷和小剪刀进行异花传粉，让紫色的花和白色的花杂交，秋天时收获了大量的豌豆种子。

第二年，当这些豌豆种子长出小苗，再次开出花的时候，意想不到的事情发生了。按照当时流行的想法，这些豌豆种子新开出的花，颜色应该是紫色和白色混合而成的，或许是浅紫色吧。可是，这一年他种的豌豆开的花，全部是紫色，一朵白色的也没有，混合色的也没有。

白色的“家传因子”去了哪里？无缘无故失踪了？难道传了一代就断绝了？

他决定让这些紫色的花“自花传粉”。春去秋来，收获了上千颗豌豆的种子。

第三年，继续让种子发芽，开花。

更让他想不到的是，总共 929 朵豌豆花，有 705 朵是紫色的，224 朵是白色的！

白色，白色的豌豆花失而复得，在消失了一代之后，又出现了。但是，白色的要比紫色的少很多，紫色的和白色的比例大概是 3∶1。

“前年紫白争开艳，去年白花皆不见，今年一白斗三紫，春风为何戏人间？”

从第一年的“纯紫纯白”，到第二年的“白色不见”，再到第三年的“一白三紫”，这里面到底隐藏了什么秘密呢？

2

基因出世

孟德尔想起了在维也纳大学的两位老师。物理学家多普勒教导了他实验和实证的方法，数学家依汀豪生教授了他排列组合的入门知识。

他做了一些大胆的猜想：

豌豆的花色是由遗传因子决定的（遗传因子后来被称为基因）。既然是遗传因子，就有来自父本的部分，也有来自母本的部分，所以，应该是成双成对存在的。父本和母本统称为亲代。

当亲代的豌豆花产生配子（生殖细胞）时，会把自身的基因分成两份，并使其分别进入两个配子，传给子代。子代则由来自它的父本和母本的两个配子结合而成，具有完整的遗传因子。

要注意的是，豌豆花只把自身一半的基因传给后代，而不是全部。为什么是这样的呢？如果父本把所有基因都传给后代，母本也是这样，最后，后代的基因将是父母的总和。把父本母本称为第一代，它们的子女是第二代，有 2 份基因，再后面的孙辈第三代有 4 份基因。第十代会出现什么状况？将会有 1024 份基因！百代之后呢？基因怎一个多字了得！

所以，每一个亲代的豌豆只可能把部分的基因传给后代。

孟德尔进一步假设，第一年紫花的豌豆中有一对控制颜色的基因 AA，这两个基因一样（都是 A），是决定紫色的纯种基因；白花的豌豆中也有一对控制颜色的基因 aa，是决定白色的纯种基因。

当纯紫花和纯白花杂交，猜一猜后代 F1 控制颜色的基因是什么？

F1 控制颜色的基因都是 Aa，即一个紫色基因，一个白色基因。

但是，这两个基因一个强势一个弱势，一个显性一个隐性。当两者在一起的时候，强势的紫色基因 A 会表达，弱势的白色基因 a 则不表达。所以，白花在第二年消失了。但是，这并不意味着基因的消失，只是隐性基因在强势的显性基因面前“隐藏”了。我们用大写的字母表示显性基因，小写的字母表示隐性基因。

这些猜想总结起来就是：基因本成对，分离生配子，子代合为一，显隐有规律。

按照这个猜想来推测一下，如果使这些 F1 紫花（Aa）自花传粉，下一代 F2 会得到什么结果呢？

这个推导过程会用到简单的排列组合。父本母本的颜色基因都是 Aa，这一基因在杂交过程中分离并分别进入配子，两个配子中的颜色基因构成子代完整的颜色基因。

- 如果子代从父本、母本中取得的都是显性基因 A，则得到 AA，是紫花；
- 如果子代从父本得到显式基因 A，从母本得到隐性基因 a，或者从母本得到显性基因 A，从父本得到隐性基因 a，则结果都是得到 Aa，这两种情况都是紫花；
- 如果从父本母本中取得的都是隐性基因 a，则得到 aa，是白花。

这四种情况分别是 AA、Aa、Aa、aa。

对数学感兴趣的同学，可能已经发现这其实和排列组合有关：

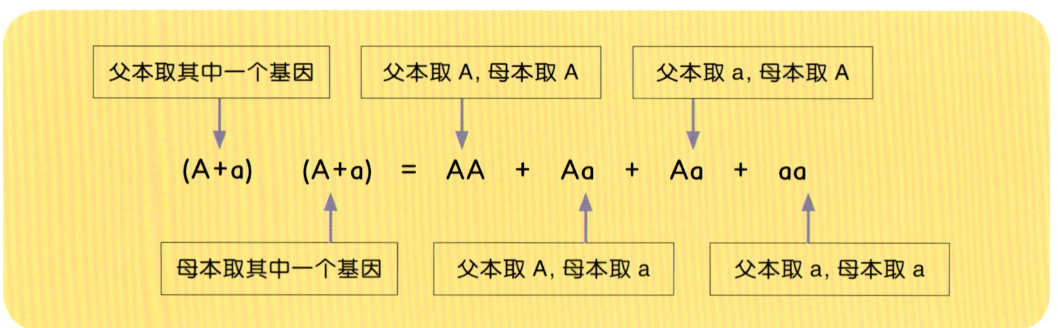

四种情况中有三种是紫花，一种是白花。出现每种情况的可能性都是一样的，所以，F2 代的紫花和白花的比例是 3：1——这可以用基因完美解释。

有一个要注意的地方是：AA 和 Aa 同样是紫花，看上去一样，但是，它们的基因是不一样的。AA 的两个基因都是对应紫色的 A，叫做纯合子。Aa 的两个基因对应一紫一白，并不相同，故叫做杂合子。

孟德尔的猜想只是为了解释实验结果而作的假设，它是不是正确的呢？

他再次设计了一个实验：让拥有杂合子基因 Aa 的紫花和拥有纯合子基因 aa 的白花杂交。按照“从父母处各取一份再组合”的原理，会出现什么情况？读者可以放下书，思考一下再往下看。

孟德尔认为答案是子代中紫花和白花各一半，它们的基因分别是 Aa 和 aa。

“樱桃豌豆分儿女，草草春风又一年。”

次年的豌豆花再次绽开的时候，印证了孟德尔的推断。紫花和白花的数量真的是 1：1。

但是，孟德尔仍然不满足，为了进一步证实他的假设，他决定让豌豆花开得更盛大些！

除花色外，孟德尔分析并总结了豌豆的其他一些性状，例如，豆子是绿色的还是黄色的？是圆

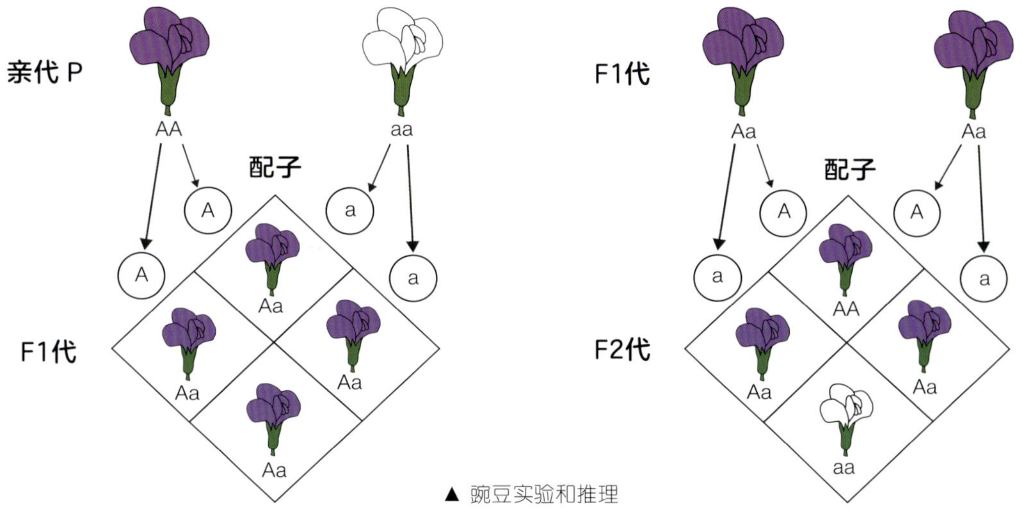

▲ 豌豆实验和推理

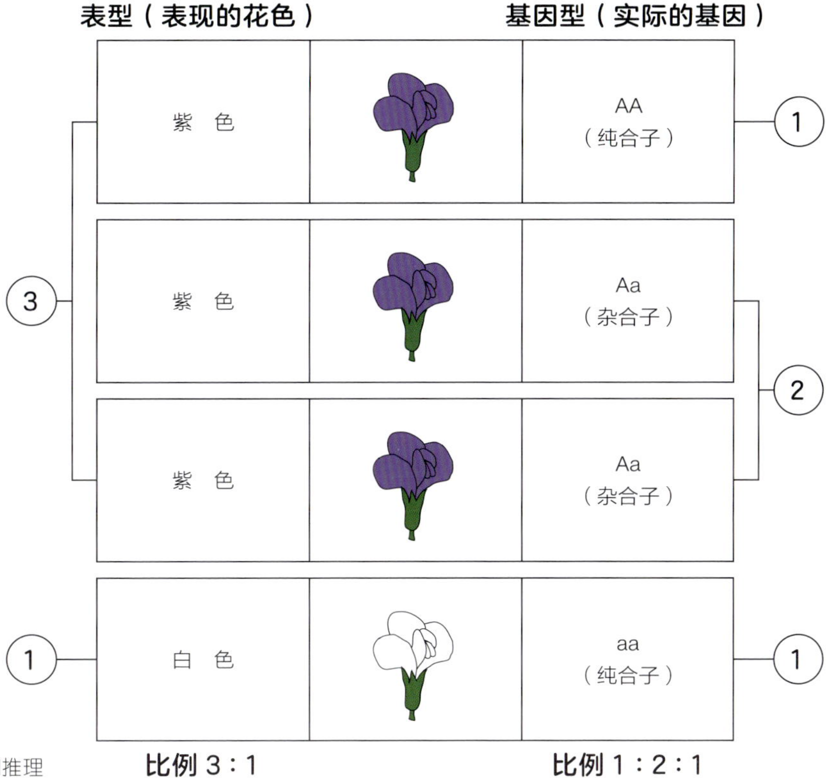

表型（表现的花色）			基因型（实际的基因）	
3	紫　色		AA（纯合子）	1
	紫　色		Aa（杂合子）	2
	紫　色		Aa（杂合子）	
1	白　色		aa（纯合子）	1
	比例 3：1		比例 1：2：1	

► 豌豆实验和推理

亲代 P

Aa

aa

F1代

	A	a
a		
a		

◄ 杂合子和纯合子的杂交

润光滑的还是皱瘪的？豆茎是高高的还是矮矮的？这些性状可以很容易区分和判断。

它们是不是也和豌豆花的颜色一样，都由各自的基因决定？决定豆子颜色的是一对基因，决定豆子形状的是另一对基因？如果做类似的实验，会不会也能在 F2 代中得到神奇的 3∶1 比率？

他让高茎的豌豆和矮茎的豌豆杂交，得到的种子次年全部长出高茎的豆苗。所以，他推测，高茎是显性性状，矮茎是隐性性状。

再让这些 F1 代豌豆自花传粉，种子在来年播种，长出来的 F2 代豌豆有高茎有矮茎。在 1064 株豌豆中，高茎的有 787 株，矮茎的有 277 株，两者数目之比，很神奇地近似于 3∶1。

“前年长短参差，去年皆与肩齐，今年三高一矮，春风实在调皮！”

孟德尔总结得到：豌豆的每一个性状，由分别来自父本和母本的一对等位基因控制，每个基因可能是显性的，也可能是隐性的。

“基因本成对，分离生配子，子代合为一，显隐有规律”，这一规律在豌豆的七个不同性状上都成立。后人把它称为孟德尔第一定律——分离定律。

豌豆的不同性状及杂交实验结果

性　状	显　性	隐　性	F2 代显隐性之比	比　率
花　色	紫	白	705 : 224	3.15 : 1
种子颜色和形状	绿	黄	6022 : 2001	3.01 : 1
	圆	皱	5474 : 1850	2.96 : 1
豆荚颜色和形状	绿	黄	428 : 152	2.82 : 1
	饱满	不饱满	882 : 299	2.95 : 1
花的位置和茎长	腋生	顶生	651 : 207	3.14 : 1
	高	矮	787 : 277	2.84 : 1

【挑战阅读】:

高阶的遗传定律

“晚花新笋堪为伴，独入林行不要人”。孟德尔年复一年继续着他的豌豆研究。

孟德尔发现上面的 7 种性状是各自独立的，比如高茎的豌豆可能开紫花也可能开白花，矮茎的豌豆同样如此。它们结的豆子，可能是圆的，也可能是皱的。

于是，孟德尔又发奇想，如果取两个性状进行组合，做同样的实验，会得到什么样的结果呢?它们之间会不会相互影响?

比如，豆子的形状是圆的和皱的，由一对基因（Rr）控制，圆（R）是显性，皱（r）是隐性。

豆子的颜色是黄是绿，由另一对基因（Yy）控制，黄色（Y）是显性，绿色（y）是隐性。

孟德尔经过多年培育，结出了黄色圆形的纯合子豌豆，其基因型为 YYRR，还有一种绿色皱形的纯合子豌豆，其基因型为 yyrr。

接下来，让圆而黄的豌豆开的花（此时花的颜色可能是紫或者白，不影响结果），和皱而绿的豌豆开出来的花进行异花传粉。

F1 代的豆子，是圆的还是皱的?是黄的还是绿的呢?

先来看决定豆子形状的基因，一个是圆（R），一个是皱（r）。

再来看决定豆子颜色的基因，一个是黄（Y），一个是绿（y）。

如果决定豆子形状和颜色两对基因“井水不犯河水”“桥归桥路归路”，那么，F1 代的豆子相应的基因将是杂合的 RrYy。在显性压制隐性的规律作用下，子代豌豆应当都是圆而黄的。实验结果证明了他的猜想是对的。

接下来，杂合的 F1（RrYy）在形成配子时，根据分离定律，颜色基因 Y 与 y 分离，形状基因 R 与 r 分离，然后每对基因中的一个成员各自进入一个配子中。F1 代的颜色基因为 Y 与 y 中的一种，形状基因为 R 与 r 中的一种。如此一来，共有 4 种可能的颜色 / 形状组合：YR、Yr、yR 和 yr。

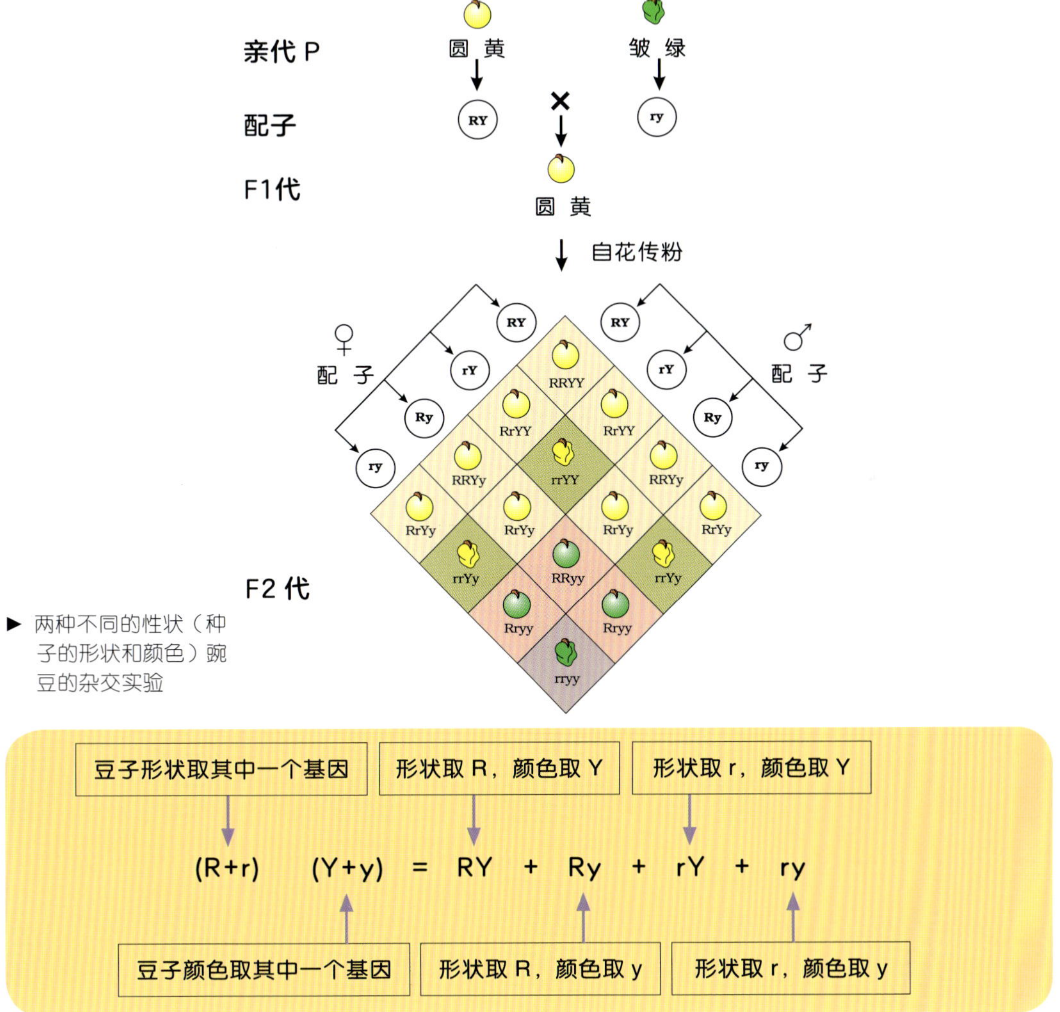

▶ 两种不同的性状（种子的形状和颜色）豌豆的杂交实验

当 F1 自交时，这四种不同类型的基因随机分配，在下一代 F2 中产生 4×4=16 种组合。

- RRYY，RrYY，RRYy，RrYy，结果都是黄色圆形；
- rrYy，rrYY，结果都是黄色皱形；
- Rryy，RRyy，结果都是绿色圆形；
- rryy，结果是绿色皱形。

16 种（16=9+3+3+1）组合中，颜色和形状都是显性的情况（黄色圆形）有 9 种可能，颜色和形状有一个是显性的（黄色皱形或绿色圆形）都是 3 种可能，颜色和形状都是隐性（绿色皱形）的只有是 1 种。

孟德尔再一次发现了一个神奇的比率：

圆黄：圆绿：黄皱：绿皱 = 9：3：3：1

这个结果表明了，两种性状的遗传，分别是由两对基因控制着，传递方式依然符合分离定律。一对基因的分离，与另一对基因的分离无关，两者在遗传上是彼此独立的。控制黄绿和圆皱的两对基因，既能彼此分离，又能自由组合。“组合多基因，自由而独立”，这个规律被后人称为孟德尔第二定律——自由组合定律。

驯养的启示

或许你会说，孟德尔的豌豆实验只是好玩的种菜游戏而已。他发现的“3：1”规律，也只是一个有趣的数字。

实际上，与孟德尔同时代的人确实也是这么看的。1866 年，孟德尔发表了他的论文，并寄给英国的博物学家达尔文和瑞士植物学家内格里。达尔文没有回信，内格尔则认为这些发现是“依靠经验的而不是依靠理智的”。这是一件非常可惜的事情。达尔文在此之前的 1859 年发表了《物种起源》，提出了关于生物演化的伟大理论：生物体在生存繁衍的过程中，会发生随机的变异，其中最适应自然环境的会更好地生存下来，这些变异也更有可能被遗传给后代——物竞天择、适者生存。而孟德尔的基因和遗传概念，可以为达尔文的理论提供最坚实的科学支持。如果达尔文了解并理解孟德尔的基因学说，而且与进化论相互印证，会对进化论和基因学说有极大的推广之功。

孟德尔也曾经在科学讲座中介绍他的研究成果，但是，听众对数字和论证毫无兴趣。他们实在跟不上孟德尔的思路。

“平生知心者，屈指能有几”。孟德尔的理论，时人不能与之共识，一直被埋没了三十多年！

在孟德尔之前、同时期甚至之后很多年，人们对于遗传只是有一些模糊的认识。“龙生龙凤生凤”，“一脉相传有此父斯有此子，人道之常也”。但是，对于其中的原理和规律却不甚了了。

孟德尔通过人工培植豌豆，对不同代的豌豆的性状和数目进行细致入微的观察、计数和分析，从中发现了定量的规律，然后，提出了遗传因子假设，并用多种方法、多次实验来验证这个假设，第一次触摸到了生命和遗传的秘密。

孟德尔把生物学和统计学、数学结合了起来，这在科学史上是一个开天辟地的创举。从孟德尔开始，遗传学研究不再只是一些似是而非、不知其所以然的猜测，而是进入了定量实验时代。

在孟德尔去世近二十年之后，几位科学家不约而同发现孟德尔的论文，惊为天人。孟德尔后来被誉为现代遗传学的开山鼻祖。

而在今天，从我们日常生活中的无籽西瓜、个大味甜的草莓，到遗传病的治疗、基因工程，这些有关生物遗传的成就都与孟德尔在豌豆圃里的发现有关。

生物学家常常选用某种特定的生物来进行研究，这样的生物被称为模式生物。每一种模式生物需要满足一些要求，比如繁殖能力强、繁殖周期短、易于实验操作、能够代表生物界的某一大类物种等。

但是，模式生物是一个冷冰冰的词。科学家用毕生的投入和模式生物之间建立起某种联系。对于科学家而言，人和模式生物之间的关系，可以用《小王子》中的“驯养”一词来描述。

你为你的玫瑰花付出了那么多的时间，才使你的玫瑰花变得那么重要。但是你不应该忘记，你对你驯养的东西要永远负责。

——安东尼·德·圣－埃克苏佩里《小王子》

孟德尔酷爱自己的研究工作，经常指着豌豆，自豪地向前来参观的客人说：“这些都是我的儿女！”

只有当科学家对他的研究对象倾注了无限的热爱，对它的各种脾性了如指掌时，才能听懂它悄声说出的秘密。

孟德尔的一生，可以说是爱豆的一生。而对于学习生物学和遗传学的人来说，他是一个名副其实的“爱豆”（idol，即偶像）。

科学家 孟德尔

模式生物 豌 豆

硬核知识

1. 基因：生物体内控制性状的遗传因子，有显性和隐性之别。
2. 等位基因：控制某一性状的一对基因，一份来自父本，一份来自母本。
3. 配子：生物进行有性生殖时产生的生殖细胞。
4. 遗传的分离定律：亲代的等位基因分成两份，进入配子，传给子代。子代由来自它的父本和母本的两个配子结合而成，具有完整的基因组。
5. 遗传的自由组合定律：来自不同染色体、控制不同性状的基因可以自由组合。

顺口溜

1. 前年紫白争开艳，去年白花皆不见，今年一白斗三紫，春风为何戏人间?
2. 基因本成对，分离生配子，子代合为一，显隐有规律，组合多基因，自由而独立。

思考题 以豌豆花色和种子颜色为对象，描述孟德尔的自由组合定律。

《孟德尔的豌豆》

修道院里种几万株豌豆，
不为豌豆公主的童话，
也不为欣赏白花的纯洁、紫花的浪漫，
只为参悟那些因果的皱瘪和圆满。
左手握住分离律，右手解开自由组合。
十年种豆，十年修道。
你用七个特征考题，
让每一颗驯养的豌豆，
用只有你能听懂的语言，
争相说出遗传的真相。

第2讲

给点颜色看看

染色，

让每一丝细微的秘密，

等你，

明明白白地看清。

宝宝细胞

我们用这两句诗来评价瑞士植物学家内格里。

内格里是少数几个收到过孟德尔论文和信件并了解孟德尔实验和理论的“圈内人”。这位事业上顺风顺水的科学家，23 岁获博士学位，任职教授，25 岁时就写了一篇有关植物花粉形成过程的论文，精确地描述了细胞分裂现象，并观察到“过渡的细胞形成粒”（这也就是后人所说的染色体）。可惜因为误判孟德尔成果价值，他在科学史上留下的名，总体来说是负面的。

他自己本人也在思考遗传的问题，却在发表的论文和著作中只字未提孟德尔。有一位孟德尔的传记作者认为，我们可以原谅内格里的迟钝和白眼，可以原谅他是个无知的人，那个时代的科学家尽管对遗传有广泛的推测，却并没有真正理解孟德尔所做的意义。但是，在他的书中忽略孟德尔的工作是不可原谅的——这些评语比较尖锐，请大家谅解我作为孟德尔支持者的心情。

内格里在观察花粉时发现的细胞分裂现象，是细胞理论三大支柱之一。

我们来看看细胞理论的三大支柱是什么。

1838 年，内格里的“圈内”朋友德国生物学家施莱登

▲卡尔·威廉·冯·内格里（1817—1891）

“细胞是一切植物的基本构造；细胞不但本身是独立的生命，而且是植物体生命的一部分，维系整个植物体的生命。”

Cell 细胞一词的来历

Cell一词来自拉丁文*cella*，是小房间的意思。当科学家胡克在显微镜下观察到植物中的一个个“小房间”的时候，给它们起名“cell”。许多生物学概念在清朝时传入中国，科学家李善兰在翻译《植物学》一书时，将cell翻译成细胞，意为“小的胞器”，并以“此细胞一胞为一体，相比附而成植物全体”来描述细胞。古代汉语中，“细”有“细微、微小”之意。也有人认为，李善兰是海宁人，方言中把“小”叫做“细”。

（1804—1881）在前人研究成果的基础上提出：细胞是一切植物的基本构造；细胞不但本身是独立的生命，而且是植物体生命的一部分，维系整个植物体的生命。

施莱登的朋友施旺（1810—1882）经常和施莱登一起喝酒聊天。1839 年，他在交流中得到启发，结合自己在动物方面的研究成果，提出所有动物也是由细胞组成的，把细胞说扩大到动物界，从而建立了生物学中统一的细胞学说。

但是，新细胞是如何产生的呢?

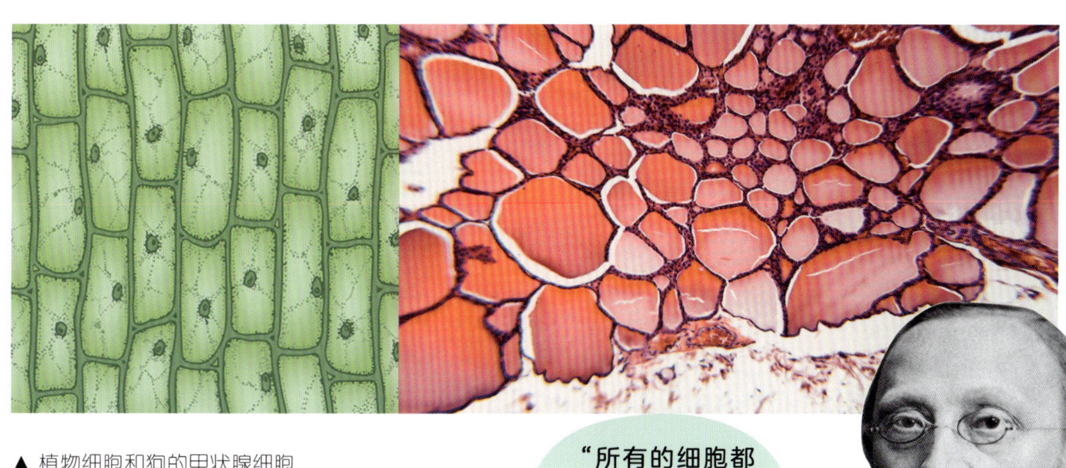

▲ 植物细胞和狗的甲状腺细胞

施莱登认为新细胞要么是从老细胞的细胞核中长出来的，要么是在老细胞的细胞质中像结晶那样产生的。

1858 年，德国的魏尔肖提出“细胞通过分裂产生新细胞”。他的名言是：“所有的细胞都来源于先前存在的细胞。”

“所有的细胞都来源于先前存在的细胞”

► 鲁道夫 · 魏尔肖（1821—1902）

如下便是细胞学说的三大支柱，即：

1 所有生物都是由一个或多个细胞组成的。

2 细胞是生命的最基本单位。

3 所有细胞均来自先前存在的活细胞。

正所谓："生物有细胞，细胞是宝宝，细胞生细胞，双施魏尔肖。"

对于大多数人来说，第三点不是那么显而易见，需要观察到一个正在分裂的细胞，才能有直观的感受。

在魏尔肖做出他的著名判断之前，内格里观察到植物细胞的分裂，另一位生物学家雷马克也通过鸡胚胎和青蛙卵，观察到动物细胞分裂产生新细胞的现象。

2

开一个染坊

在显微镜下观察细胞的分裂过程，是非常难的。因为细胞基本上是透明的，即使放大了，人们也不太容易看清它的内部结构。所以，在很长一段时间里，人们无法弄清细胞分裂的机理和详细过程。

那么，有什么办法能让人看清透明的物质呢？很简单啊，让它不透明！

1879年，德国的生物学家弗莱明发现，可以用碱性的苯胺染料把细胞核里的有些物质染成深色。他把这些物质称为染色质。染色质后来又被改名为染色体（chromosome，在希腊语中chromo

▲ 弗莱明著作上的染色体插图

是颜色的意思，some 是体的意思）。

他用高倍的显微镜观察蝾螈的皮肤细胞。

他发现细胞开始分裂时，丝状染色质聚集成染色体。

随着分裂过程的进行，染色体一分为二，然后形成两个细胞核。

两个细胞最终分开，各自有了自己的细胞核，有了自己的一套染色体。

那么，问题来了：分裂后子细胞里的染色体数目，和分裂前母细胞里的染色体数目一样多，这是怎么回事呢?

原来，在分裂之时，母细胞会先复制出一套新的染色体，使得染色体数目加倍——先复制（乘 2），再分裂（除以 2），这样就保持数目不变。你看，细胞的“算术”不差吧？至少会“做”乘法和除法。

分裂看有丝，复制染色体，塑料姐妹花，转眼奔东西。

▲ 亚历山大 · 弗莱明（1843—1915）

这个细胞分裂的过程，称为有丝分裂（mitosis），因为在分裂过程中有很多丝状物出现。

我们来看一下某一条染色体的结构细节。染色体好似一个领结，中间的那个结叫着丝粒，这是有丝分裂时那些丝状物牵连的地方。

上半部分叫短臂，下半部分叫长臂。着丝粒的位置，在不同的染色体上不一样。有的在“腰”中间，有的在“胸口”，有的在“脖子”，有的甚至在“头顶”。

在有丝分裂过程中，新复制的染色体和原先的染色体，称为姐妹染色体。从理论上来说，这两条染色体应该是一模一样的。

这便是：“分裂看有丝，复制染色体，塑料姐妹花，转眼奔东西。”

2016 年，美国《科学频道》将弗莱明的有丝分裂和染色体发现，评为有史以来最重要的 100 个科学发现之一，也是细胞生物学中最重要的 10 个发现之一。

染色，把细胞核里的物质染成了红色或紫色，不仅让我们看清了细胞核内部的构造，还看清了细胞分裂时那些丝丝缕缕的细节。

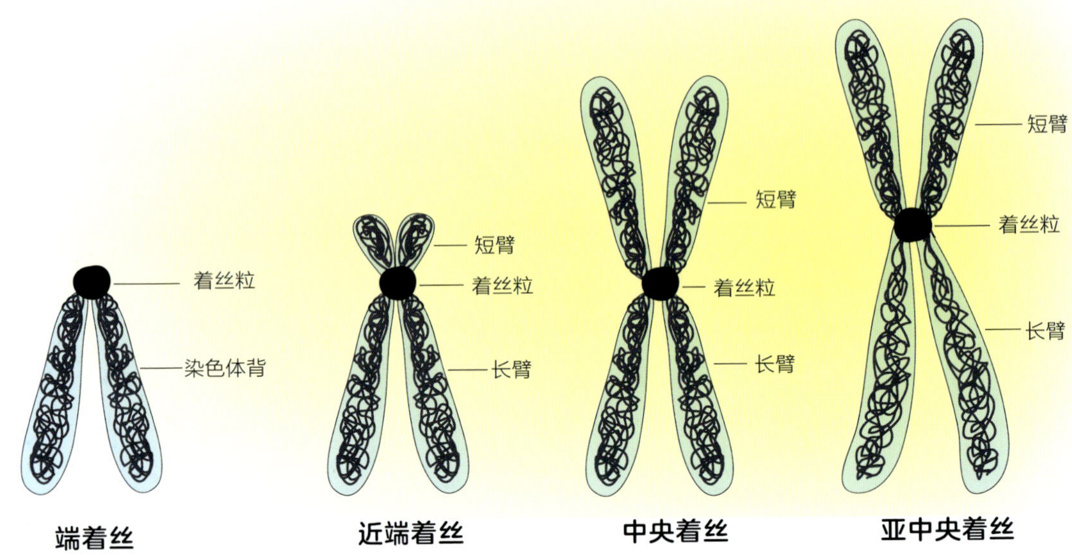

▲ 染色体根据着丝粒的位置进行分类

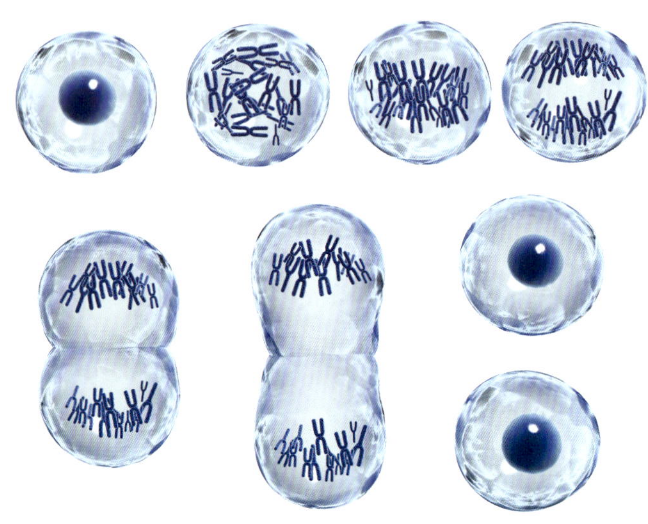

▲ 清晰的染色体和有丝分裂过程

3

减数是必须的

1883 年，比利时细胞学家贝内登发现了染色体的另一个特性：每一个卵细胞和精子所含的染色体数目，只有其他正常体细胞染色体的一半。

他选用马蛔虫作为模式生物，详细研究卵细胞的成熟过程和受精作用。

为什么选用马蛔虫呢？因为马蛔虫的染色体少，只有 4 条，容易观察和统计。

他发现精子只有 2 条染色体，卵细胞也只有 2 条染色体。而受精卵中有 4 条染色体，其中 2 条来自父本（精子），2 条来自母本（卵细胞）。

他由此推断，生物在形成配子（即卵细胞和精子）的过程中，细胞中的染色体数目减半。配子中的染色体数目只有其他体细胞的一半。形成配子的这个分裂过程，叫减数分裂（meiosis）。

这便是："如何生配子？乘二先复制，分裂再分裂，减半染色体。"

减数分裂的关键是配子只取一半数目的染色体。

这"一半"真是神奇。不仅在生物学上奇妙，在文学作品中也妙趣横生。我找来六句带有"一半"的诗句，来自六首不同的古诗，串在一起居然意境上仍然连贯协调。

▼ 爱德华 · 凡 · 贝内登（1846—1910）

一半露松绿，一半银蟾白。
一半随春色，一半逐君回。
一半已成霜，一半是思乡。

这个减数分裂的过程非常重要。我们来设想一下如果没有减数分裂，会出现什么情况?

假设有一种生物，第一代的细胞核中有 2 条染色体。如果没有减数分裂，那么它的配子中同样有 2 条染色体。

这样一来，第二代的生物细胞中将会有 4 条染色体，2 条来自父本，2 条来自母本。

第三代的生物细胞中将会有 8 条染色体。

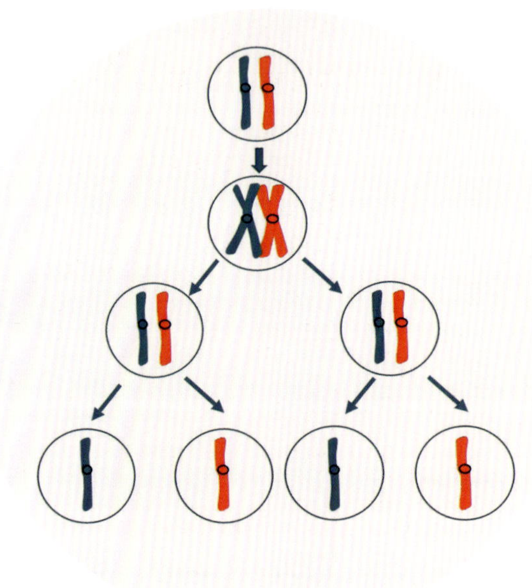

◀ 减数分裂：其中染色体复制一次，分裂两次（染色体数目乘 2，除以 2，除以 2）

十代之后，生物细胞中将有 1024 条染色体。

二十代之后，生物细胞中将有 1048576 条染色体。

子子孙孙，无穷匮也！一个细胞中的染色体数目将无穷匮也。

生物不可能这样世代传承下去，否则细胞核非涨破不可。

所以，减数分裂对于有性繁殖是必须的。必须先舍去，才能传下去。

如果减数分裂明天消失，所有有性繁殖的生物都会停止繁殖后代。这意味着不再有婴儿、小狗、小猫等出生。这将导致世界上许多物种灭绝。

4

染色的作用

有丝分裂和减数分裂，在生物的各项生命活动中起着至关重要的作用。

有丝分裂，染色体数目先乘二再除以二，染色体随着细胞分裂被新的细胞继承，保证了生物体内每个体细胞染色体数目相同。

减数分裂，配子只取一半染色体，有性繁殖时再合两半为一。受精卵染色体一半来自父本，一半来自母本，破镜重圆，重获完整。

我们回头来看生物学的发展，它在 19 世纪末是非常尴尬的。一方面，孟德尔的天才成果被尘封，没人知道它的存在和伟大。另一方面，生物学家观察和研究细胞和染色体，却不知染色体有何用。

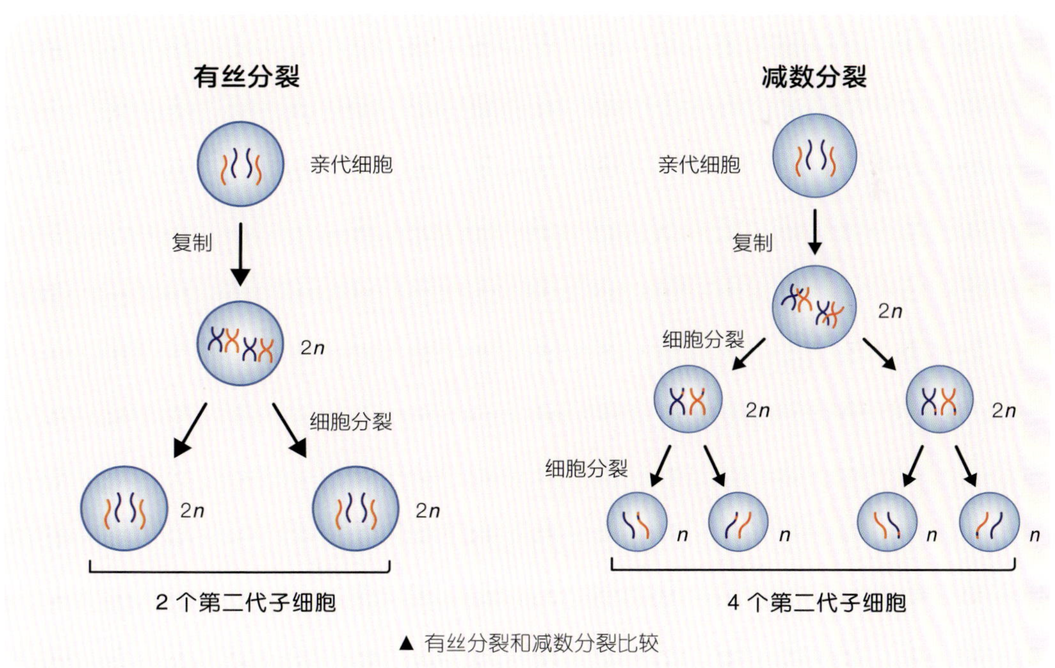

▲ 有丝分裂和减数分裂比较

这好比有一群人，在黑夜中登山，而他们肩上的行囊中恰好有一支手电筒，却无人知道，更无人拿出来照亮前面的道路。

因为染色，原本朦胧和模糊的细胞构造，显现出了它的轮廓和线条。因为染色，我们看清了细胞核内部深处更细微的秘密。“这般颜色做将来”，这样的颜色和条纹，在研究细胞的科学家眼里，是最美的风景。

而染色体和遗传存在什么样的关系？染色体在遗传中的作用是什么？这些问题需要具有观察力和灵感的人来揭示答案。“天青色等烟雨”，而染色体正等着有缘之人。

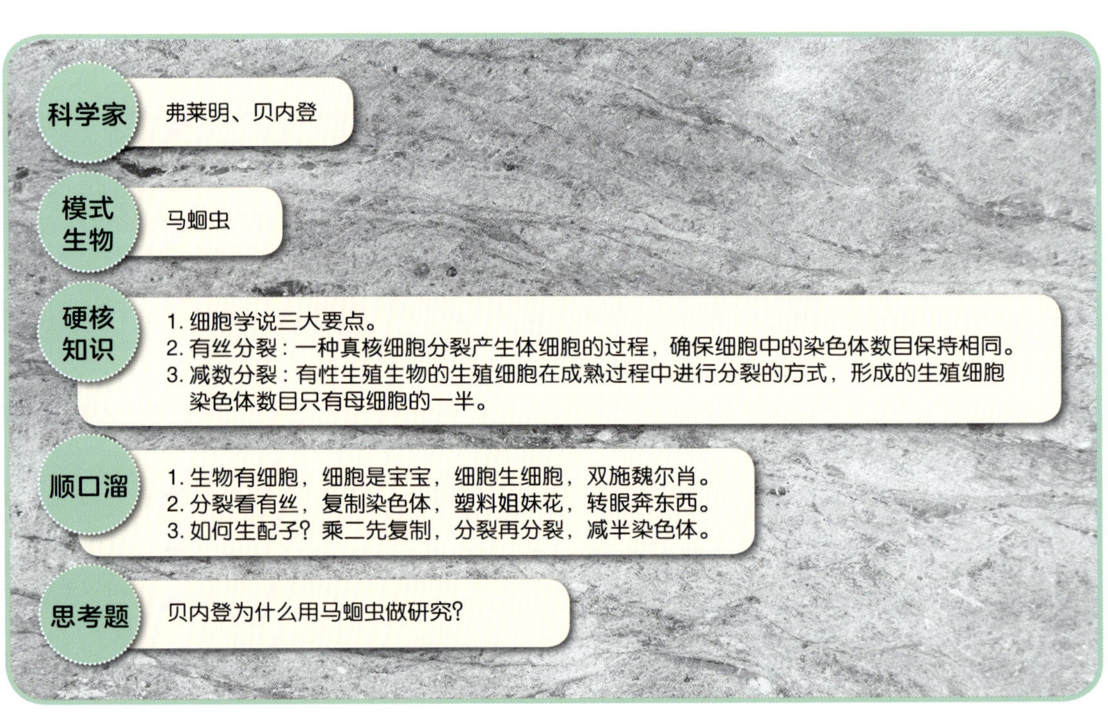

科学家 弗莱明、贝内登

模式生物 马蛔虫

硬核知识

1. 细胞学说三大要点。
2. 有丝分裂：一种真核细胞分裂产生体细胞的过程，确保细胞中的染色体数目保持相同。
3. 减数分裂：有性生殖生物的生殖细胞在成熟过程中进行分裂的方式，形成的生殖细胞染色体数目只有母细胞的一半。

顺口溜

1. 生物有细胞，细胞是宝宝，细胞生细胞，双施魏尔肖。
2. 分裂看有丝，复制染色体，塑料姐妹花，转眼奔东西。
3. 如何生配子？乘二先复制，分裂再分裂，减半染色体。

思考题 贝内登为什么用马蛔虫做研究？

《染色》之一

你说，世界本来是透明的，
看不透，也辨不明。

那么，
就在春天，雨中染两岸桃花，
在夏天，风中染半池青莲，
在秋天，雾中染满山银杏，
在冬天，雪中染数支红梅，
每一笔都是恰到好处的重彩。

寻其核，染其色，
点其数，观其变形，
让每一个细微的秘密，
等你，明明白白地看清。

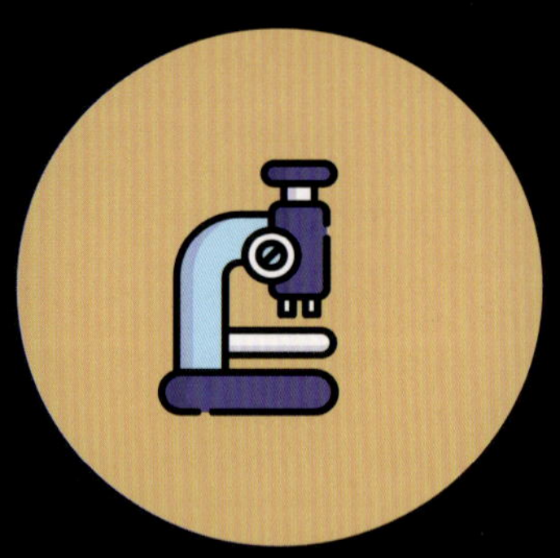

第3讲

原来你在这里

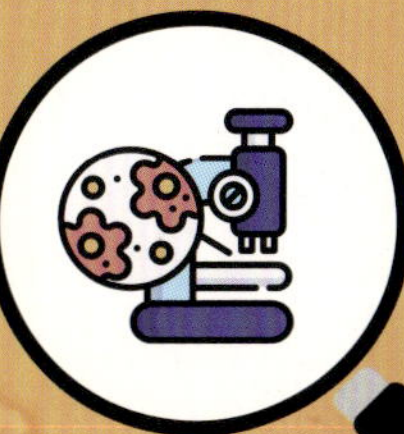

有时忽得惊人句，

费尽心机做不成。

得之在俄顷，

积之在平日。

- **关于灵感**

1

海胆英雄

> 一水分两支，
> 来共高高峰。
> 出山暂相失，
> 到海终相逢。
> ——[宋]林景熙《别所亲》

用南宋诗人林景熙的这几句诗，来描述遗传学在 20 世纪初的状况，真是恰如其分。

“一水分两支”中的一支，孟德尔的研究终于被发现了。1900 年，荷兰的德弗利斯、德国的科伦斯和奥地利的切尔马克，这三位生物学家不约而同发表文章，称赞一个当时科学界仍不知名的奥地利人孟德尔，说他发现了重要的遗传学定律。他们三人各自在遗传学研究上获得了重要发现，准备发表论文，在查阅以前文献资料的时候，却都意外地发现了 30 多年前孟德尔的文章。原来自己的实验研究，在孟德尔的文章中早有阐述。

30 多年前，孟德尔用豌豆做了近十年试验，已经在奥地利的偏远修道院打开了现代遗传学的大门，为现代遗传学的发展奠定了基础。

而“一水分两支”中的第二支，细胞核中染色体和遗传之间若隐若现的关联，也到了一点就破的关口。

这时候，“天青色等烟雨”，就等灵感闪现，一道闪电能够照亮天空。

这时候，有科学家亮剑而起了。

第一位是德国实验胚胎学家鲍维里。

他研究海胆的胚胎发育。为什么选用海胆进行研究呢？难道是因为海胆和他一样“外表坚强内心柔弱”吗？不是，是因为海胆的胚胎是透明的，可以很容易在体外观察，而且

▶ T.H. 鲍维里（1862—1915）

▲ 海胆及其胚胎

海胆一次有很多胚胎同时发育，生长周期短。这些特点使海胆很适合作为研究胚胎发育的模式生物。

他做了大量的实验，最后发现了一个规律：只有当海胆胚胎中包含有一组完整的染色体的时候，胚胎才能正常发育生长。如果多一条染色体，或者少一条染色体，海胆都不能正常发育。

他还发现作为配子的卵子和精子，里面的染色体有四个方面是相当的：

1. 数目相当；
2. 形态相当；
3. 对于子代的性状遗传的影响相当；
4. 对于子代的生理发育的影响相当。

由此，美国细胞学家萨顿突发灵感，在1902年大胆地推断出：“染色体的行为与孟德尔遗传因子具有平行关系”。

什么是他所说的平行关系呢？简言之，他认为孟德尔遗传因子就位于染色体上。

正所谓：染色体重要，一条不能多，一条不能少，父亲和母亲，对我一样好。

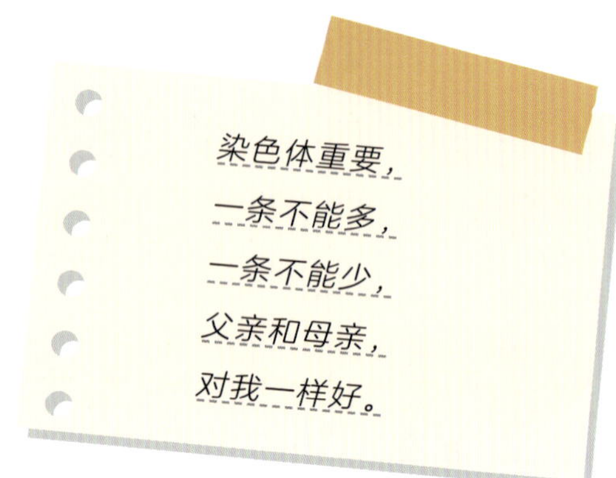

2

石油工人一声吼

另一位科学家是美国生物学家、医生萨顿。

1877年，萨顿出生于纽约州的一个农民家庭。1886年，其全家搬到了堪萨斯州种麦子。萨顿从小心灵手巧，擅长修理各种机械设备。1896年，萨顿进入堪萨斯大学，学习工程学，充分施展他在机械工程上的天赋。

大学第一年的暑假，萨顿家中很多人得了伤寒，他的一个弟弟因病去世。这对萨顿产生了巨大的冲击。回到大学后，萨顿转入了生物系，打算日后从医。

几年后，萨顿成为细胞学家麦克朗的第一位研究生。麦克朗研究昆虫，是这一领域的先驱之一，1902年在直翅目昆虫中首次发现了决定性别的性染色体。

▲ 沃尔特·萨顿（1877—1916）

1899年，萨顿在田间散步的时候，看见成千上万的蝗虫爬满了麦田。他收集了一些蝗虫，带到实验室观察，发现它们有着巨大的染色体。

▲ 蝗虫及其染色体

1901 年，萨顿研究生毕业。在麦克朗的建议下，萨顿来到了哥伦比亚大学，师从著名的生物学家埃德蒙 · 比彻 · 威尔逊攻读博士学位。

威尔逊是美国动物学和遗传学的先驱。他编著的《细胞》一书是现代生物学经典的教科书之一。在威尔逊的实验室，萨顿发表了他最重要的论文《遗传中的染色体》。这是遗传学上里程碑式的论文。

他根据染色体学说中的一些基本观点，认为同源染色体中成对的两条染色体，一条来自父方，一条来自母方。细胞进行减数分裂的过程中，配子形成时染色体的分离与孟德尔的分离定律完全对应，多对染色体的各自分离再组合，和孟德尔的自由组合定律完全对应——孟德尔的理论和多位科学家对染色体的观察结果，在此融合了。

◀ 埃蒙德 · 比彻 · 威尔逊（1856—1939）

这便是："基因在哪里？就在染色体。一半进配子，减数分离率。多对各自行，自由组合律。染色体学说，萨顿鲍维里。"

基因在哪里？就在染色体。
一半进配子，减数分离率。
多对各自行，自由组合律。
染色体学说，萨顿鲍维里。

1903 年夏天，正在研究事业蒸蒸日上的时候，或许是因为经济困难，萨顿回到堪萨斯，去油田当了一名工人。离开研究领域的萨顿，又发挥了精湛的机械技术和创造发明的天赋，解决了油田上的很多技术难题。

在油田干了两年活之后，萨顿攒了足够的钱，回到了哥伦比亚大学医学院学习。又过了两年，于 1907 年获得了医学博士学位，成为一名优秀的外科医生，实现了当年从医的愿望。

第一次世界大战爆发后，萨顿加入美国陆军医疗服务预备队，成为一名中尉。1915 年，萨顿带领医疗队来到一战中的法国，领导战地医院工作。萨顿在这里又发挥了他高超的医术和同样高超的发明创造力，搭建了一个简易的 X 射线扫描装置，用来定位身体里的子弹和碎片。

1916 年回到美国后，萨顿继续从医。有一次，在连续进行了几台外科手术之后，萨顿自己却因为阑尾破裂病倒了，而后因医治无效去世，年仅 39 岁。

萨顿一生短暂，却处处精彩，无论研究科学，还是从医从军，甚至当油田工人都出类拔萃。

萨顿是少有的只发表了少数论文却对生物学领域产生了重要影响的生物学家。他发表的论文一共只有 3 篇。

1925 年，萨顿的导师威尔逊"眼带笑意"，把染色体学说称为"萨顿—鲍维里理论"，理论的具体内容非常简单明了：如果假定孟德尔的遗传因子位于染色体上，就可以在细胞层面上圆满地解释孟德尔遗传的所有事实。

如果你认为把萨顿和鲍维里"放在一起"的是威尔逊，那么你太低估了缘分的作用。

威尔逊有一位女助手奥格雷迪，算起来是萨顿的师姐。"外表柔软内心坚强"的奥格雷迪在路过德国小镇时，遇到了"外表坚强内心柔弱"的鲍维里，一见倾心，决定远嫁到德国。

所以，如果萨顿碰到鲍维里，还得叫一声"姐夫"——"就当我为遇见你伏笔"，伏笔原来是德国小镇上的那一次遇见。

这个萨顿—鲍维里理论，算起来是威尔逊的学生们提出来的。若论在学术界的名气，鲍维里要更大，成名多年，成果颇多，而萨顿只是初出茅庐。威尔逊把萨顿的名字放在前面，多少有点偏心。现在这个理论常被称为"鲍维里—萨顿理论"。

"基因本成对，分离生配子，子代合为一，显隐有规律，组合多基因，自由而独立"：成对的染色体一半来自父本，一半来自母本。减数分裂时，由性母细胞分裂产生的配子中只含有母细胞一半的染色体，然后来自父本和母本的配子结合，使子代细胞拥有完整的一套染色体。

孟德尔假想的遗传基因，终于在细胞核的染色体上找到了依托。

基因本成对，分离生配子，子代合为一，显隐有规律，组合多基因，自由而独立

孟德尔的遗传因子

- 不同体细胞中含有相同的遗传因子
- 体细胞中的遗传因子一半来自父本配子，一半来自母本配子
- 生物形成配子时，遗传因子一分为二
- 控制不同性状的遗传因子相互独立，各自进入配子

染色体

- 体细胞中染色体的数目相同
- 体细胞中染色体的数目是配子中染色体的两倍，一套来自父本，一套来自母本
- 配子中的染色体数目为体细胞中的一半
- 在减数分裂时，不同对的染色体相互独立，各自进入配子

3

【挑战阅读】：

你的细胞有几条染色体

既然染色体如此重要，染色体上面有遗传因子，就让我们来看一下一些生物的染色体数目。

动　物	体细胞染色体数目	生殖细胞染色体数目
马蛔虫	4	2
果　蝇	8	4
豌　豆	14	7
鸽　子	16	8
蚯　蚓	36	18
猪	38	19
猫	38	19
老　鼠	40	20
兔　子	44	22
人	46	23
猩　猩	48	24
羊	54	27
大　象	56	28
牛	60	30
驴	62	31
马	64	32
狗	78	39
鸡	78	39
鲤　鱼	104	52
蝴　蝶	380	190
某种蕨类	1260	630

染色体的数目，和生物的复杂度、进化程度没有直接的关系。染色体多的生物，并不一定复杂。高级的生物，染色体不一定多，也不一定少。

大部分有性繁殖的生物，都有两套染色体，一套来自父本，一套来自母本，称为二倍体，用2n表示。

单倍体 (n)

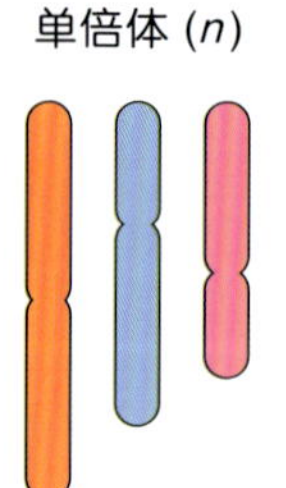

二倍体 ($2n$)

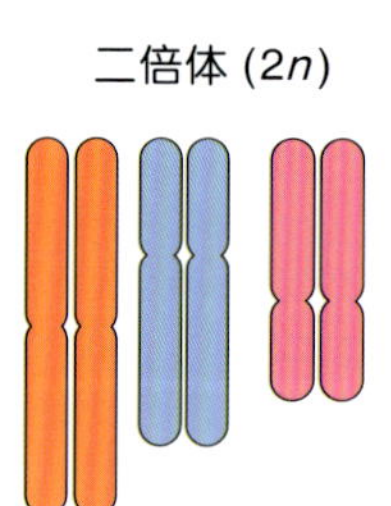

三倍体 ($3n$)

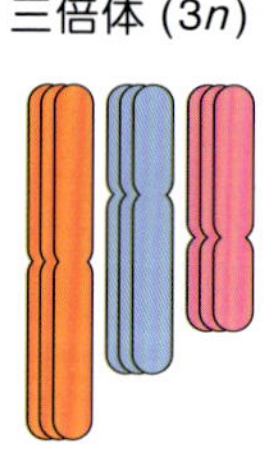

四倍体 ($4n$)

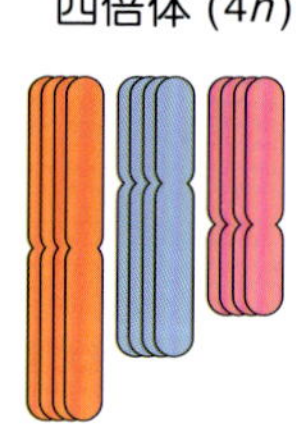

▲ 单倍体、二倍体、三倍体、四倍体

由马和驴子杂交而生的骡子，染色体总数是63条，其中31条来自驴，32条来自马，这些染色体来源于不同种类的动物，不能配对，只能组成单倍体。而单倍体的骡子，无法通过减数分裂把染色体分成两半，也就无法通过有性繁殖产生后代。

正常的西瓜有44条染色体，是二倍体。而无籽西瓜有55条染色体，是单倍体，不能繁殖后代。

我们平时吃到的饱满而个儿大的水果，很多是经过人工培育的多倍体。

多倍体植物水果是怎么来的呢?

有的是由于细胞在有丝分裂或减数分裂时，“除法”做错了，没有一分为二，这样就在一个细胞核里有了多套染色体，形成了多倍体。

有的是“加法”太强了，把另一个品种植物的染色体“吸收”到了一起。两个二倍体杂交形成四倍体，两个四倍体可以合成八倍体——好像武侠小说里的“北冥神功”，把他人的内功吸纳，化为己有。很多的植物具有这样的“功夫”，而动物中的鱼类也是个中高手。

比如野生草莓是二倍体，有2×7条染色体（2套染色体，每套7条），我们平时吃到的草莓

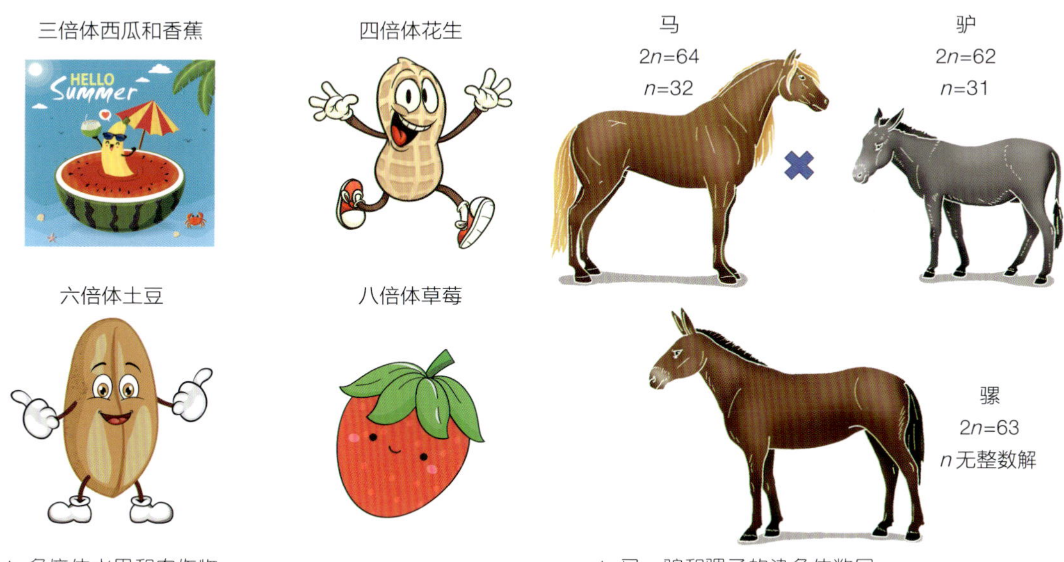

▲ 多倍体水果和农作物

▲ 马、驴和骡子的染色体数目

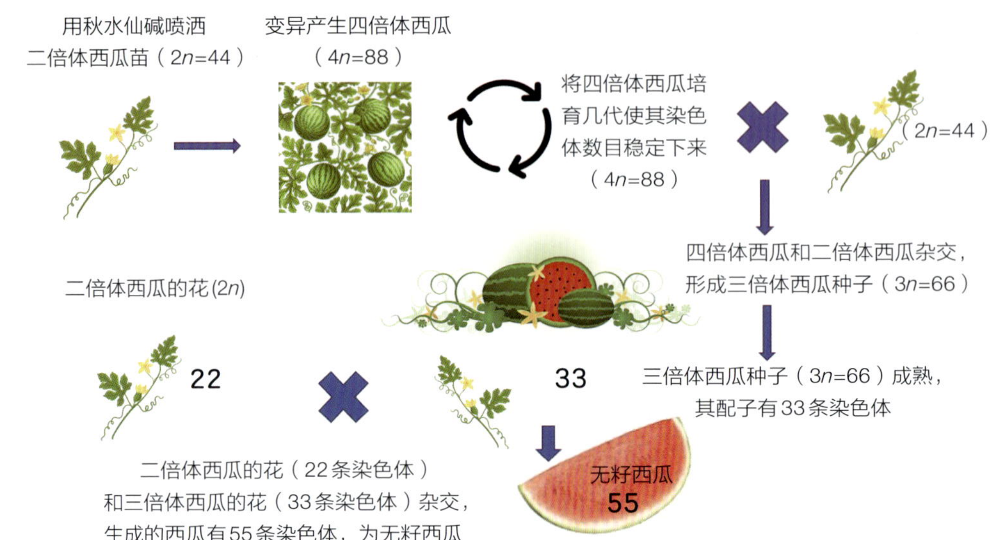

▲ 无籽西瓜由正常的二倍体西瓜和培育的三倍体西瓜杂交而成

是八倍体，有 8×7=56 条染色体，是八套染色体混合在一起，每套 7 条。科学家通过基因分析发现，八倍体的草莓是在百万年之前，由四个不同品种的二倍体草莓杂交而成的。感谢那时候的草莓在机缘巧合下做的强大加法。

要准确统计各种生物的染色体数目，在起初并不是那么简单容易的。科学家是经过了很长时间才正确数出各种生物的染色体数目的。

我们人类的染色体数，曾长时间被认为是 48 条（24 对），因为在人类的所有近亲（猿、猩猩、猴等）中，染色体数目都是 48 条（24 对）。

直到 1956 年，美籍华裔遗传学家蒋有兴首次发现人的体细胞的染色体数目为 46 条（23 对），才让我们人类知道了自己的“家底”。人类只有 23 对染色体的结论，在当时是惊世骇俗的。

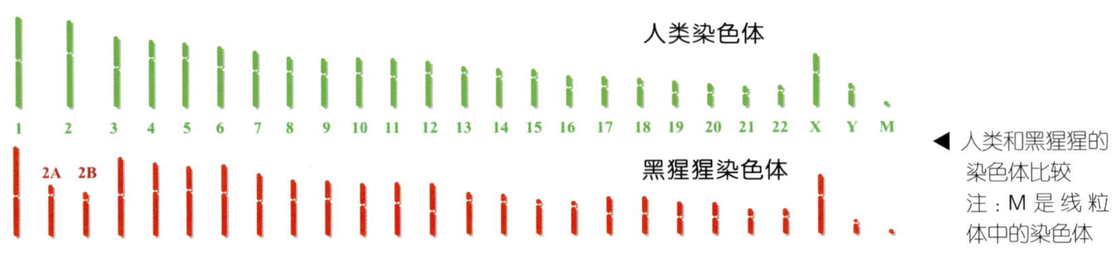

◀ 人类和黑猩猩的染色体比较
注：M 是线粒体中的染色体

染色体是从长到短进行编号的，1 号染色体最长，2 号次之。

20 世纪 80 年代，由于染色体分析技术的发展，科学家们可以将人和几种猿类的染色体进行详细比较。他们发现人类与类人猿的染色体几乎都能一一对应，只有人类的 2 号染色体（第 2 对）看起来很不寻常，它似乎是猿类的两条中等大小的染色体首尾相连融合之后的新产物。

科学家猜测，古猿与现代人类的分道扬镳，也许就发生在两条类人猿染色体融合的瞬间。那一刻，被称为“2 号染色体”的新染色体出现，一个全新的物种也就随之诞生。

那么，这个 2 号染色体是怎么出现的？有人说是基因突变，有人说是“祖猿“们全体感染了病毒，甚至有人说是外星人动了手脚。这是一个未解之谜。

2 号染色体，正是人类脱胎于类人猿的功臣。

拥有 24 对染色体的猩猩们，还在森林里啃着长满黑籽的香蕉；而拥有 23 对染色体的人类，已经培育了转基因香蕉。

染色体的意义

孟德尔遗传定律中提出的遗传因子，是一个抽象的概念，它在豌豆实验中起着作用，但是，它到底在哪里，长什么样，孟德尔不知道，也并没有告诉我们。

当弗莱明和贝尔登观察到染色体的时候，看到了它们的复制和数目变化，但是，不知道它们起什么作用。

鲍维里和萨顿的染色体理论，大胆推断遗传因子就在染色体上，使得孟德尔的理论有了物质的基础和证据，细胞学和遗传学两条河流终于汇合到一起。

“原来你在这里”——这句话可以说是遗传学和细胞学的科学家同时喊出来的，这是两个“登山队”会合时的惊喜。遗传学家找到了遗传因子的物质基础，细胞学家发现了染色体背后所隐含的重大意义。

相比孟德尔十年种豆，从成千上万的豌豆花和豆荚中找到遗传的规律，萨顿只是在短短的研究生学习期间就提出了染色体理论，中间还去挖石油，研究成果似乎“得来全不费功夫”。他像一个在对方禁区游弋的足球前锋，在恰当的时间出现在恰当的位置，而球恰好滚到了脚下，轻轻一碰就进球得分——运气好得惊人。体育运动和科学研究，每个人都有自己的机遇。和萨顿同时代的生物学家和细胞学家这么多，为什么只有他和鲍维里率先提出染色体理论呢？不可否认的是，能够捡漏得分的前锋，首先得有超过常人的脚法和射球意识。得之在俄顷，积之在平日，突发的灵感背后是厚积薄发。萨顿发表论文之前，已经观察了 4 年的蝗虫染色体。

天青色等烟雨，而染色体等来了萨顿和鲍维里。从此之后，人们可以通过染色体实验来研究遗传和基因，而不必再像孟德尔那样，通过观察花色和果实等植物性状来间接推测基因的规律。传世的染色体，从此展现出它的美丽和奥秘。

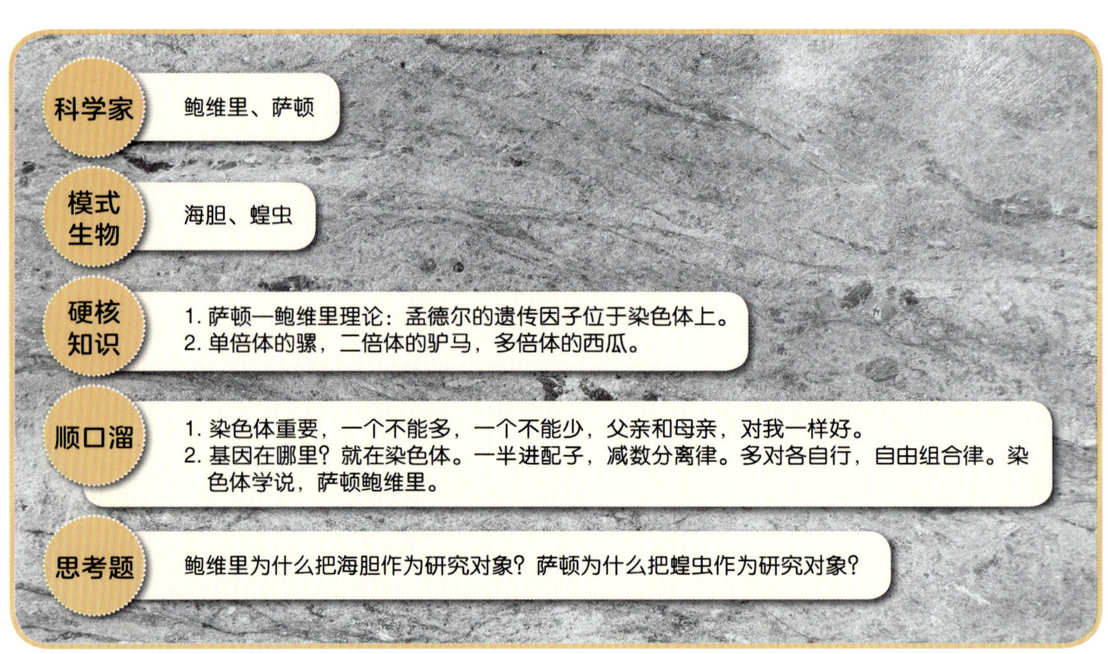

《染色》之二

将一丝神秘藏入微笑，
把一座城画成佛罗伦萨，
千古的画技便流传了下来。

附愁绪于落花，
寄豪情于朝阳，
虚实之间，一首诗便活了过来。

恰如，将基因依托染色体，
减数与分离隐隐相对，
孟德尔的身影便清晰起来。

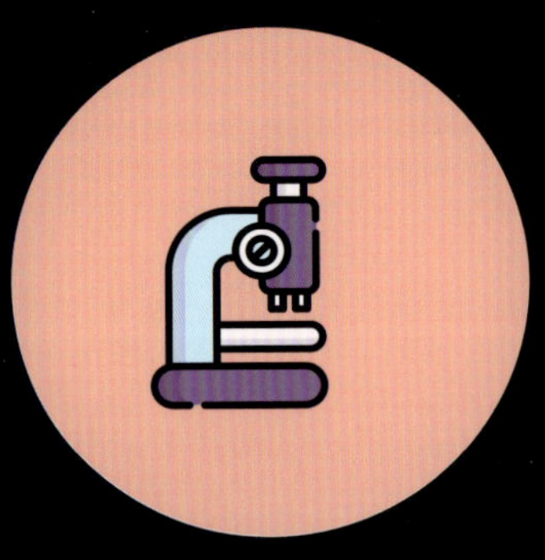

第4讲

给你一个“大白眼”

科 学 求 真，

人 文 求 善，

艺 术 求 美。

1

白眼人生

> 留得一双青白眼，
> 笑他无限往来人。
> ——[宋]释道川《颂古二十八首》

青白眼，在中文里有一个典故。讲的是晋朝名士阮籍，见礼俗之士，以白眼对之，见知己好友，就用青眼。眼球青黑色，旁边是白色，对人重视为青眼，对人轻视为白眼。

我们这一讲的主角儿摩尔根，确实有给人白眼的本钱和事实，而他一生最大的成就也和一只“白眼”的果蝇有关。

摩尔根的祖上曾经是美国南北战争时期的一位将军，家族里也曾出现过美国阿利根尼山脉西部第一个百万富翁，他的曾外祖父还是美国国歌《星条旗》的歌词作者。可以说，他的家族在政界、商界和文化界都有举足轻重的地位。

好巧不巧，他出生于 1866 年，恰好是孟德尔发表豌豆论文的那一年。

小摩尔根生来就是一个“博物学家”，对大自然中的一切都充满了好奇心。喜欢在野外扑蝶、捉虫、掏鸟窝。有时他还会把捕捉到的虫、鸟带回家去解剖，看看它们身体内部的构造。

24 岁时，他发表了一篇题为“论海蜘蛛更像蜘蛛而不像螃蟹”的论文，获得了约翰 · 霍普金斯大学的博士学位。

当孟德尔的论文被重新发现的时候，摩尔根给的是“白眼”。他坚决反对孟德尔的理论，批评说这是数学的把戏。

他和威尔逊是关系非常要好的朋友，威尔逊曾经先后推荐他去布林茅尔学院和哥伦比亚大学当教授，对他是青眼有加的。不过，当威尔逊的学生萨顿提出染色体理论的时候，他给的还是“白眼”，坚决反对。

▶ 托马斯 · 亨特 · 摩尔根（1866—1945）

他的第三个坚决反对是针对达尔文的。

当他四处“白眼”对人的时候，一双来自果蝇的“白眼”改变了他的人生和命运。

他那时候已经经由威尔逊引荐进入哥伦比亚大学生物系，从事果蝇的研究。

果蝇属于苍蝇一类，但是比我们日常看到的苍蝇要小，体长 1.5 ~ 4 毫米。

果蝇的生命周期短，从卵孵化到成虫只需要10天左右的时间，一年可以繁殖36代。摩尔根在18年间，研究了600多代果蝇的子子孙孙。如果人类要繁殖这么多代直系子孙，得需要万年！“向天再借五百年”，你得借几十次！

作为实验对象，果蝇容易饲养，一点点香蕉浆、西瓜汁就能让它们填饱肚皮，所以，可以大规模培养，十分适合用于研究遗传和生长。

果蝇细胞内的染色体也很简单，只有 4 对（8 条），清晰可辨。

摩尔根带着他的学生们，在哥伦比亚大学里用牛奶瓶、烂香蕉、西瓜汁吸引果蝇，然后，使出“擒拿手”捕捉果蝇。

他的实验室也成了大名鼎鼎的“蝇室”。

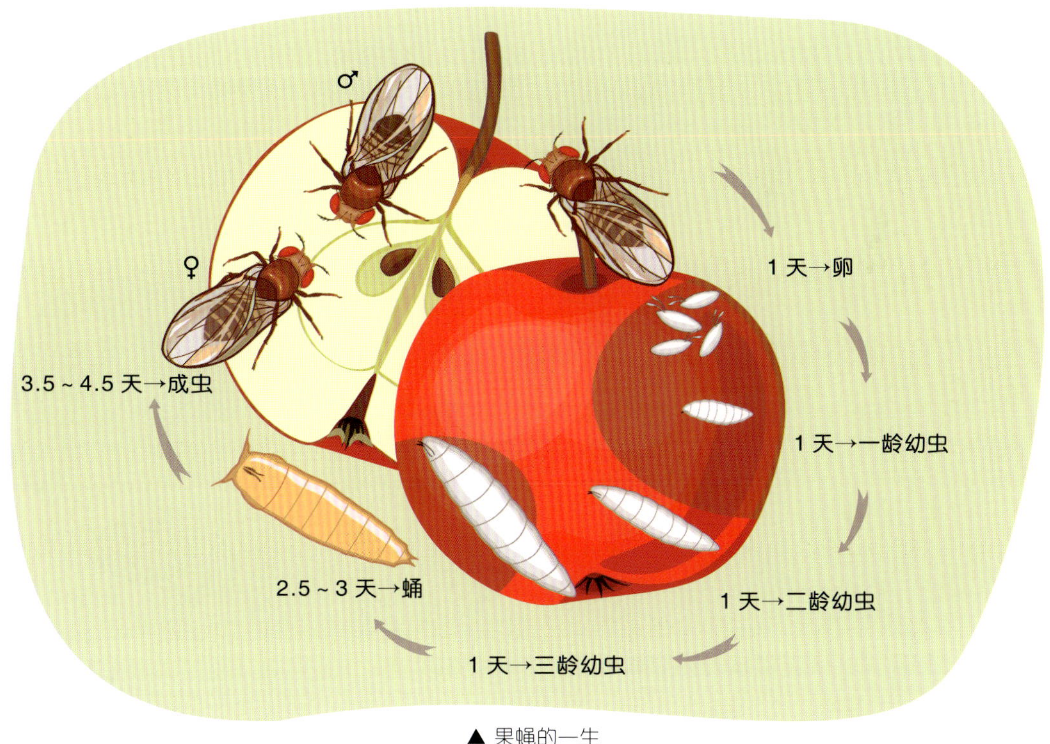

▲ 果蝇的一生

2

为什么翻白眼的都是雄果蝇？

摩尔根让手下的研究生们想方设法折腾果蝇，软硬兼施，各种手段都使用了，目的是诱导果蝇发生突变。比如在黑暗的环境里饲养果蝇，希望果蝇长期不用眼睛，视力逐渐消失，甚至眼睛萎缩。比如使用 X 光照射，在其食物中加糖、加盐、加酸、加碱，甚至“半夜鸡叫”不让果蝇睡觉。

他经常同时进行几十个实验，但许多实验都走入了死胡同。很显然，“体罚”是没有用的。摩尔根曾经自嘲说，他搞的实验可以分成三类：第一类是愚蠢的实验，第二类是蠢得要命的实验，还有一类比第二类更蠢的实验。虽然频频失败，但是摩尔根屡败屡战。

终于，“功夫不负白眼人”，可能是摩尔根“给人白眼”太多，命运开了一个玩笑，1910 年 5 月，

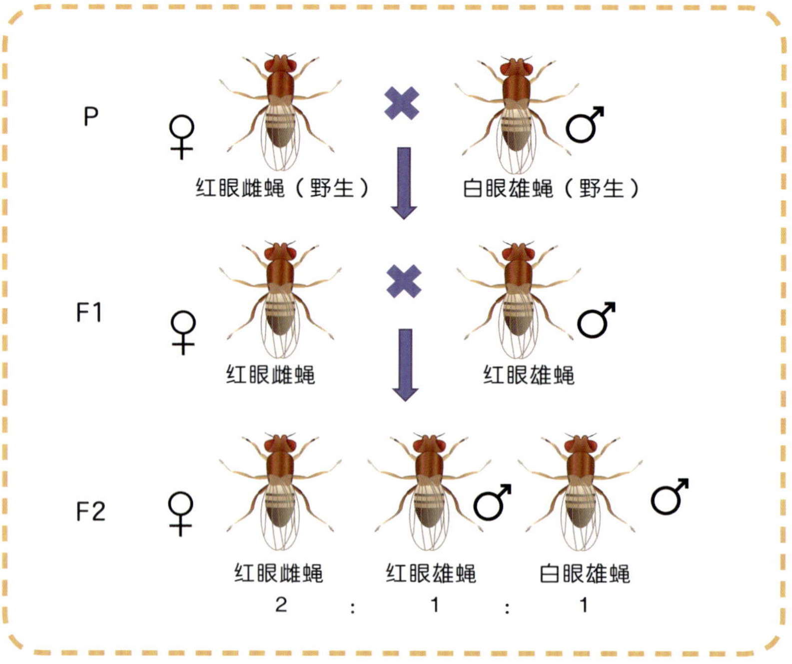

◀ 摩尔根的果蝇实验

他们在红眼的果蝇群中发现了一只异常的白眼雄性果蝇。野生的果蝇，都是红眼睛，这只“特立独白”的果蝇是罕见的突变品种。

摩尔根激动万分，将这只宝贝果蝇放在单独的瓶子中“驯养”。每天晚上，摩尔根带着这只果蝇回家，睡觉时将实验瓶放在身边，白天又带着它去上班，生怕果蝇出现意外。蝇跟蝇的待遇，咋就这么不同呢？就是因为能翻白眼！

在他的精心照料下，原本虚弱的白眼果蝇终于在与一只红眼雌性果蝇配对后，“鞠躬尽瘁、死而后已”，将突变的基因留给了下一代果蝇，也留给了苦心“驯养”它的摩尔根。

十天后，第一代杂交果蝇长大了，全部是红眼果蝇。

摩尔根的心情既忐忑又有一点兴奋。难道孟德尔的遗传学说是正确的？孟德尔的豌豆实验，第一代也都是紫色的花儿。难道红眼基因相对白眼基因是显性，因此，珍贵的“白眼”突变基因只是“隐藏”起来了？

摩尔根想看看究竟孟德尔遗传学说是不是正确。他用第一代杂交果蝇配对，产生第二代杂交果蝇。

摩尔根焦急地等待了十天，第二代杂交果蝇终于破茧而出了。

“蝇室”的全体人员出动，反复点检之后，发现其中有2457只红眼的，782只白眼的。居然接近3∶1的比率。

孟德尔的理论是对的，而且，不仅在豌豆上是对的，在果蝇身上也是对的。

这一下，摩尔根对孟德尔真正服气了，白眼立马转青眼了。

“强分青白眼，力辨雌雄风。”

当摩尔根再次观察这些果蝇时，发现了一个不同于孟德尔观察到的现象。孟德尔的自由组合定律没有涉及性别。

摩尔根发现这些白眼果蝇居然全部是雄性，没有一只是雌性的！也就是说，突变出来的白眼基因伴随着雄性个体遗传——只有“男的”才“翻白眼”啊。摩尔根从果蝇身上看到了孟德尔在豌豆上观察不到的现象。这绝对是一种新的突破。

摩尔根知道，果蝇的4对染色体中，有一对是决定性别的。这说明决定果蝇“眼色”的基因，和决定果蝇性别的基因是连锁在一起的。

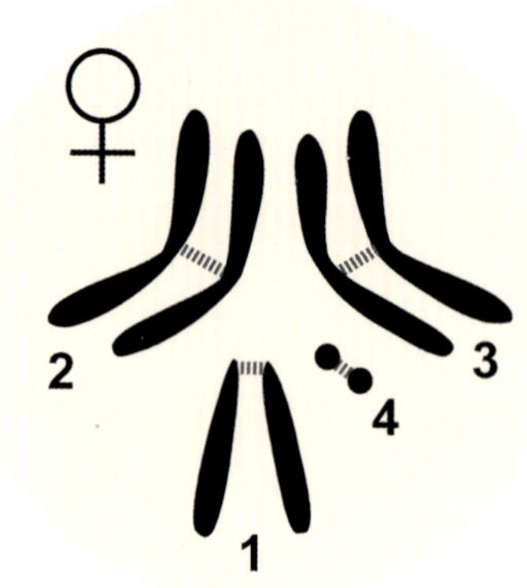

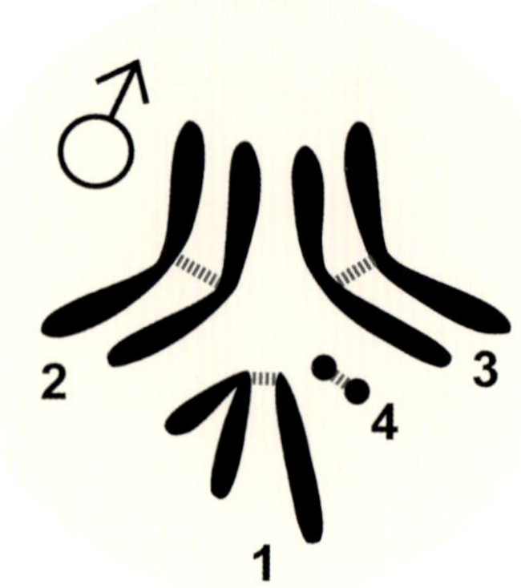

▲ 果蝇染色体

在摩尔根之前，孟德尔推测了遗传因子的存在及其规律，萨顿推断遗传因子在染色体上。而摩尔根实实在在地把遗传的基因（性别和眼睛颜色）定位到了某一条染色体上，并且发现了决定果蝇的性别和眼睛颜色这两个性状的基因是在同一条染色体上的——这就是摩尔根发现的“连锁”规律。如果那只白眼果蝇知道摩尔根因为它而完成了科学的突破，一定会“含笑九泉”了。

3

【挑战阅读】：

“穿错了鞋子”的基因

摩尔根不仅自己“信奉”孟德尔，而且带着一批弟子全部都“皈依”了。

1915 年，他和门下三位弟子斯特蒂文特、布里奇斯、穆勒一起，根据果蝇实验和发现，写成了遗传学经典名著《孟德尔遗传学原理》。

除基因连锁之外，他们还发现了基因交换现象。

我们来看一对染色体。假设它们是你爸爸身上的某一对染色体，一条来自爷爷，一条来自奶奶。它们的下臂有三对等位基因，分别是 abc 和 ABC。

它们先进行复制，于是各自有了两份拷贝。在进行减数分裂形成配子时，这一对染色体可能会“肩并肩腿靠腿”。于是，意外发生了，它们分开时互相“穿错了鞋子”：ab 穿上了大 C 鞋子，AB 穿上了小 c 鞋子。这样一来，一条染色体上有了 abc 和 abC 基因，还有一条染色体上有了 ABc 和 ABC 基因。

在减数分裂之后，四种不同的配子中有了这些基因：

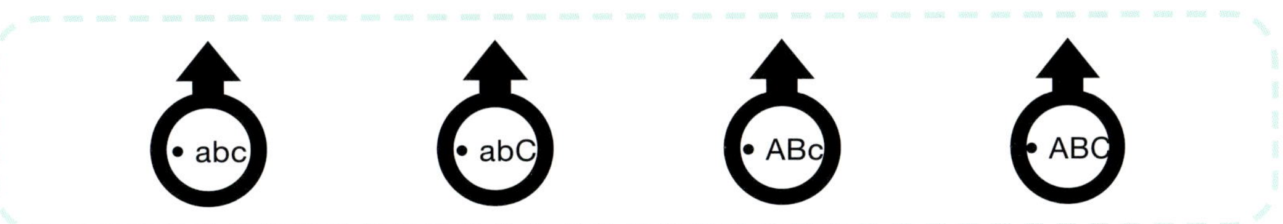

这样一来，就发生了基因的互换和重组。你得到的爸爸那里的染色体，可能来自爷爷（abc），可能来自奶奶（ABC），也可能大部分来自爷爷、小部分来自奶奶（abC），或者大部分来自奶奶、小部分来自爷爷（ABc）。

我们都要感谢“穿错鞋子”的基因，正是因为它们“穿错了鞋子”，才有了后代基因的多样性。不然，所有的人类都长成亚当、夏娃两个人的模样，太单调了。

这个发现和之前的连锁定律结合起来，就是摩尔根的“连锁与互换定律”，它和孟德尔的分离定律、自由组合定律一起，被称为遗传学三大定律。

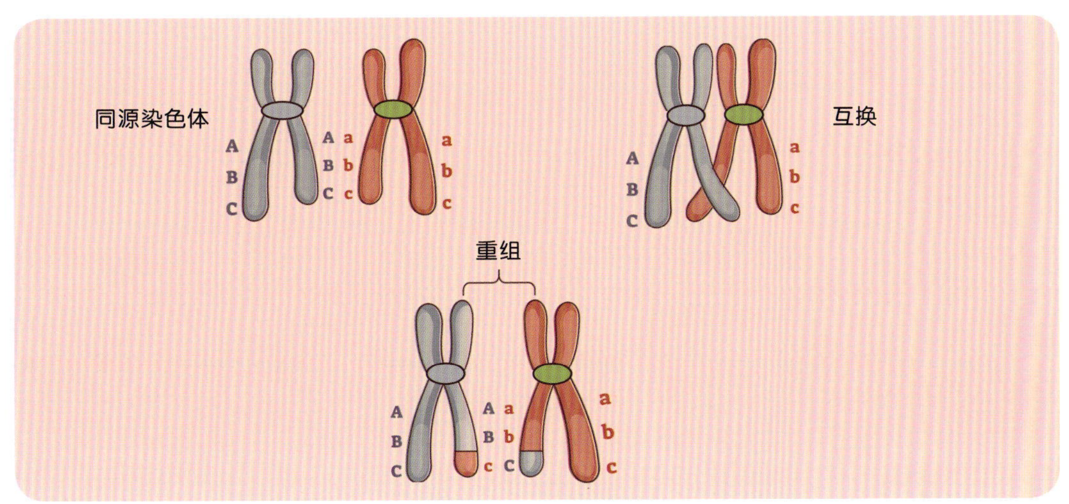

▲ 基因的互换和重组

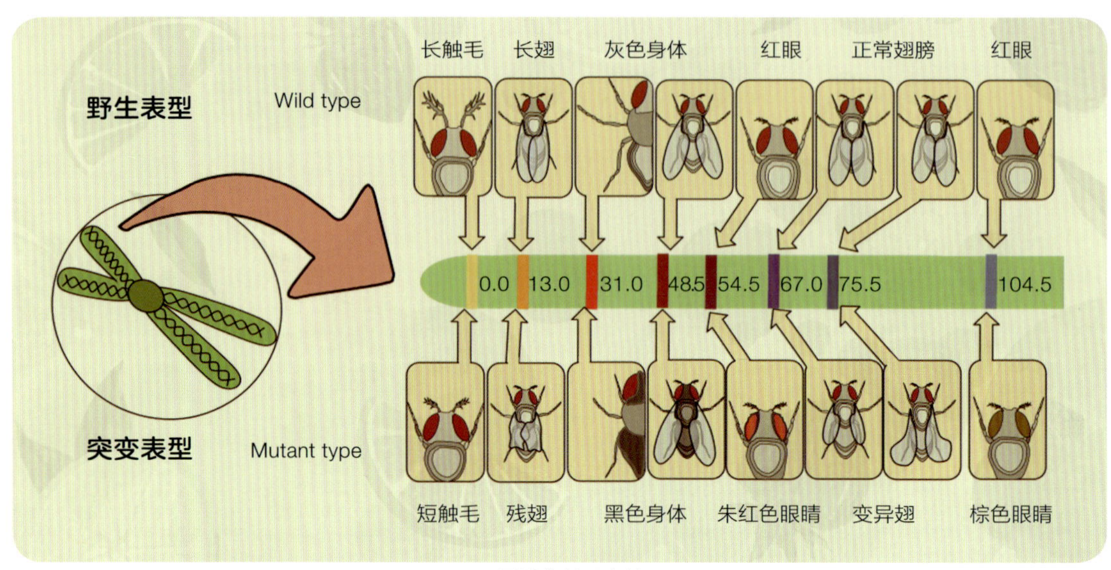

▲ 果蝇的基因定位

基因能不能互换和重组，和基因在染色体上的位置有关系。此外，如果在同一条染色体上的两个基因离得近，它们可能会连锁；如果离得远，可能会互换。

摩尔根和他的学生一起，做了大量的实验，推算出了果蝇各种基因在染色体上的位置，并画出了果蝇 4 对染色体上的基因位置图。

这是人类第一次尝试在染色体上把各种基因标识出来。

图上的数字，表示一条染色体上各基因间的相对距离。当两个基因以 1% 的频率交换时，这两个基因间的距离定为 1 单位。为了纪念摩尔根，称之为厘摩尔根。

▲ 赫尔曼 · 约瑟夫 · 穆勒
（1890—1967）

经过摩尔根和他的学生的深入研究和实验，染色体才真正被确认为基因的载体。而且摩尔根非常明确地将每一个基因落到了实处，找到了它们在染色体上的位置。

如果没有摩尔根这些突破性的研究，遗传学理论、孟德尔的遗传因子可能永远停留在理论的层面。

从摩尔根开始，遗传学结束了理论时代，并成为 20 世纪最为活跃的研究领域。

可以用几句话来总结摩尔根的贡献：功盖第三律，名成基因图。

连锁和互换，以身作衡度。

为了感谢他的学生的工作，“有蝇同抓，有福同享”，摩尔根把他得到的 1933 年诺贝尔生理学或医学奖的奖金分成了三份，自己一份，斯特蒂文特一份，布里奇斯一份。

穆勒没有份。不过，穆勒很争气，凭自己挣到了诺贝尔奖。他采用 X 射线照射果蝇，发现 X 射线能大大提高基因的突变频率，在一定范围内突变率与辐射剂量成正比。1946 年，他因辐射遗传学研究方面的重大贡献而获得诺贝尔生理学或医学奖。

摩尔根的革命

变异给了果蝇一双白色的眼睛，你用它来寻找遗传的秘密。

摩尔根并不是最先发现孟德尔定律的人，同样也不是染色体学说的提出者。相反地，他最初是这些理论的坚决反对者。

但是，在实验的基础之上，在事实的数据面前，摩尔根改变了他的态度，而且还把孟德尔的学说和染色体学说统一了起来，把遗传学甚至生物学建立在了坚实的物质基础上，从观念到研究方法都开创了新的范式，引发了遗传学的革命。

这是科学史上非常有意思的故事。科学求真，在科学面前，前人的观点可以质疑，自己的错误需要改正。不唯上，不唯书，不唯众，只唯实。

下一次看到小小果蝇的时候，请不要嫌弃或白眼，这些小小的飞虫，一直是生物学家钟爱的模式生物，至今已有 6 个诺贝尔奖和它直接相关。

1933年

摩尔根因利用果蝇发现了染色体在遗传中的作用而获诺贝尔生理学或医学奖。

1946年

摩尔根的学生穆勒因发现X射线能导致果蝇基因突变率大幅上升而获诺贝尔生理学或医学奖。

1995年

斯特蒂文特的学生路易斯等利用果蝇发现胚胎发育的遗传调控机理而获诺贝尔生理学或医学奖。

2004年

阿克塞尔等因果蝇气味受体和嗅觉系统的研究成果而获诺贝尔生理学或医学奖。

2011年

霍夫曼等因先天性免疫的激活机制研究而获诺贝尔生理学或医学奖。

2017年

霍尔等人因用果蝇揭开了控制昼夜节律的分子机制而获诺贝尔生理学或医学奖。

科学家 摩尔根和他的学生们

模式生物 果蝇

硬核知识
1. 遗传基因在染色体上，可以通过实验进行定位。
2. 基因可能连锁，也可能互换，与它们在染色体上的位置密切相关。

顺口溜 功盖第三律，名成基因图。连锁和互换，以身作衡度。

思考题 用果蝇做遗传方面的研究有什么优点?

威廉·布莱克是英国18至19世纪最具天赋的诗人和艺术家。他的诗，意象鲜明、想象奇特。在这首诗中，诗人把“我”和苍蝇的位置对调，以反观的角度审视世界，反思生命和追求的意义。

The Fly

William Blake (1757—1827)

Little fly,
Thy summer’s play
My thoughtless hand
Has brushed away.
Am not I
A fly like thee?
Or art not thou
A man like me?
For I dance
And drink and sing,
Till some blind hand
Shall brush my wing.
If thought is life
And strength and breath,
And the want
Of thought is death,
Then am I
A happy fly,
If I live,
Or if I die.

《苍蝇》

威廉·布莱克　梁宗岱 译

小苍蝇，
你夏天的游戏，
被我的手无心地抹去。

我岂不像你，
是一只苍蝇?
你岂不像我，
是一个人?

因为我跳舞，
又饮又唱，
直到一只盲手抹掉我的翅膀。

如果思想是生命，
呼吸和力量，
思想的缺乏便等于死亡，

那么我就是一只快活的苍蝇，
无论是死，
无论是生。

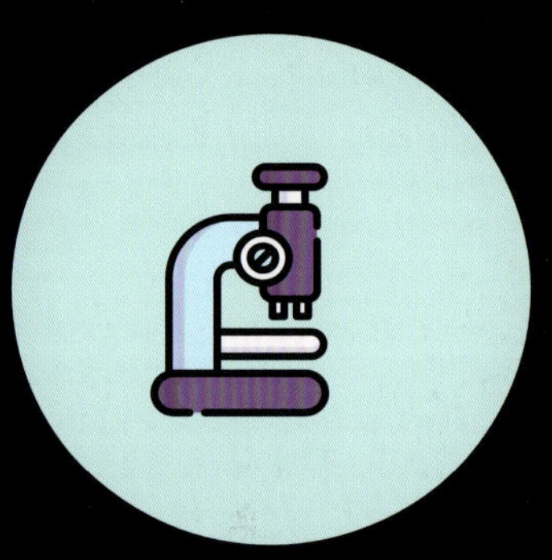

第5讲

谁说了算

XY

如果你不以

开放的思维经历人生，

你会发现

很多关闭的门。

1

Y 染色体的秘密

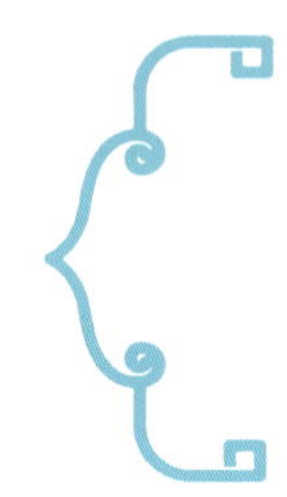

雄兔脚扑朔，
雌兔眼迷离；
双兔傍地走，
安能辨我是雄雌？
——《木兰辞》

在 19 世纪的西方，普遍的观点认为，怀孕的女子如果营养好，会生女儿；如果营养不好，会生儿子——这或许可以总结为“穷养儿子富养女”吧。

读这篇文章的男读者们，要不要和爸爸妈妈核实一下：“当时是不是亏待我啊？”——这是开玩笑啦。

决定生男还是生女的关键是什么，这一直是个谜。直到 20 世纪初，有一位女科学家揭开了秘密。而又因为当时女子的社会地位不高，她的成就在很长一段时间并未被承认——有关揭示性别奥秘的道路，真是崎岖而坎坷。

这位女科学家叫内蒂 · 史蒂文斯。

史蒂文斯生于美国佛蒙特州，从小喜欢生物科学。大学毕业后，做了几年高中老师。在攒够学费之后，以 35 岁“高龄”进入加州一所当时没有名气的新大学——斯坦福大学。

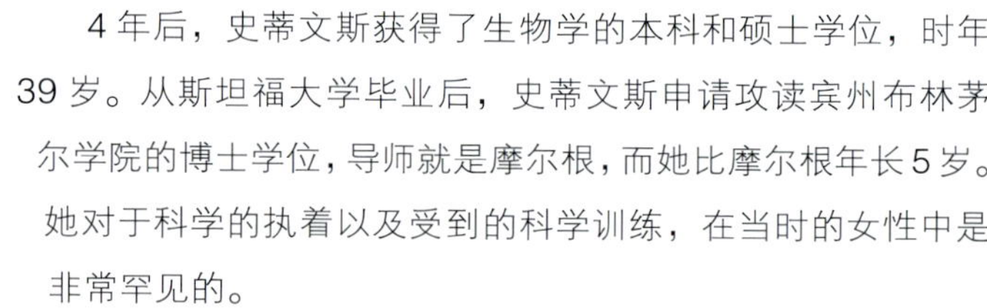

4 年后，史蒂文斯获得了生物学的本科和硕士学位，时年 39 岁。从斯坦福大学毕业后，史蒂文斯申请攻读宾州布林茅尔学院的博士学位，导师就是摩尔根，而她比摩尔根年长 5 岁。她对于科学的执着以及受到的科学训练，在当时的女性中是非常罕见的。

20 世纪初，染色体携带遗传信息仍是一个新理论。孟德尔工作的内容在 1900 年才刚刚被人们“重新发现”。

◀ 内蒂 · 史蒂文斯（1861—1912）

史蒂文斯想要弄清楚性别是否也是通过染色体遗传的，又是如何遗传的。

1905 年，她用一台显微镜观察甲虫的染色体，发现了秘密。

她发现雌性甲虫的细胞有 20 条大的染色体，而雄性虽然也有 20 条，但是其中有一条明显比另外 19 条小很多。她认为，这条与众不同的染色体就是性染色体，决定了生物体的性别。

- **如果甲虫的性染色体两条都是大的，那么甲虫是雌性。**
- **如果甲虫的性染色体有一条大的、一条小的，那么甲虫是雄性。**

▲ 史蒂文斯研究的甲虫及其染色体

后来科学家把大的性染色体称为 X，小的性染色体称为 Y。如果性染色体是 XX，该个体就是雌性，XY 则代表雄性。

当时，萨顿的第一位老师麦克朗在直翅目昆虫中也发现了决定性别的性染色体。

萨顿的第二位老师威尔逊也在研究生物的性别问题，在同一时期发表了相似的成果。

因为威尔逊声名卓著，当时已经是美国艺术与科学学院院士，所以常常被认作是性染色体的发现者。而史蒂文斯名气小，又是女性，在当时性别歧视的环境下，她的成果被忽视了。

实际上，威尔逊研究的物种中，雄性比雌性缺失一条染色体，这种情况在自然界中并不常见。而史蒂文斯的发现才是人类性别决定理论的基础。

人类基因

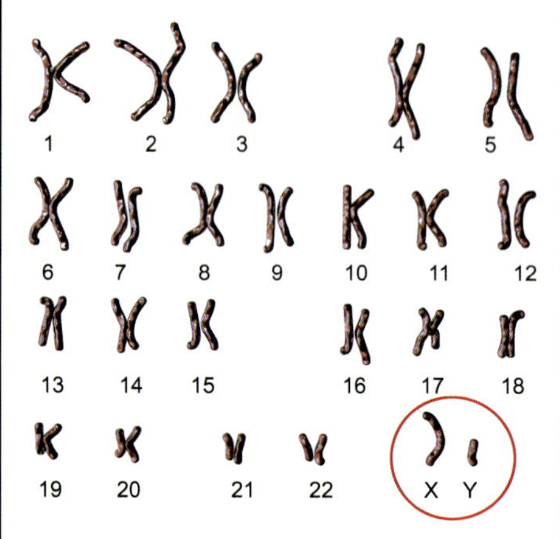

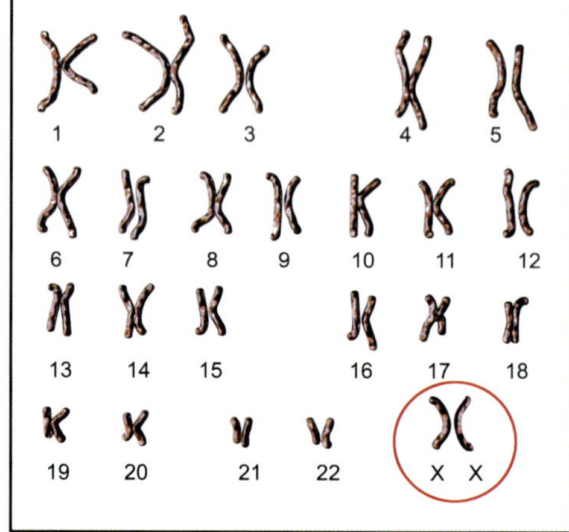

2 生男生女的秘密

在史蒂文斯发现性染色体之后又过了 20 年，研究者们才证实史蒂文斯的发现对许多更加高级的动物也同样适用。

科学家通过大量不同的实验发现，爸爸携带的两条性染色体是 X 和 Y，一长一短。妈妈携带的两条性染色体是 X 和 X，一样长。

- 携带 X 染色体的精子和携带 X 染色体的卵子结合，最终会孕育出女孩。

- 而携带 Y 染色体的精子和携带 X 染色体的卵子结合，最终会孕育出男孩。

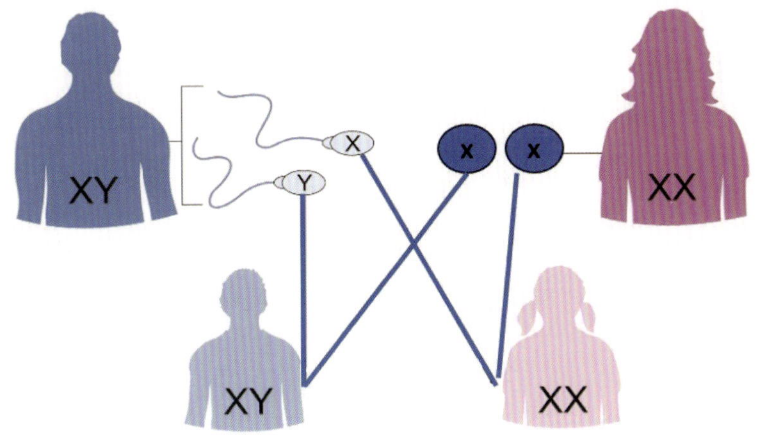

▲ 人类的染色体和性别的遗传

所以，对于人类而言，生男生女是由爸爸的性染色体决定的，爸爸说了算。

Y 染色体是祖传父、父传子、子传孙的，因此，顺着 Y 染色体，就能找出一个家族的整个父系遗传链条。

Y 染色体基因检测显示，现存所有人类有共同的父系祖先，最近的那个共同祖先是 24 万年前生活在非洲的一名男子，这是人类“Y 染色体亚当”。要是没有发生基因突变，全球所有男子的 Y 染色体应该都是相同的。

性染色体

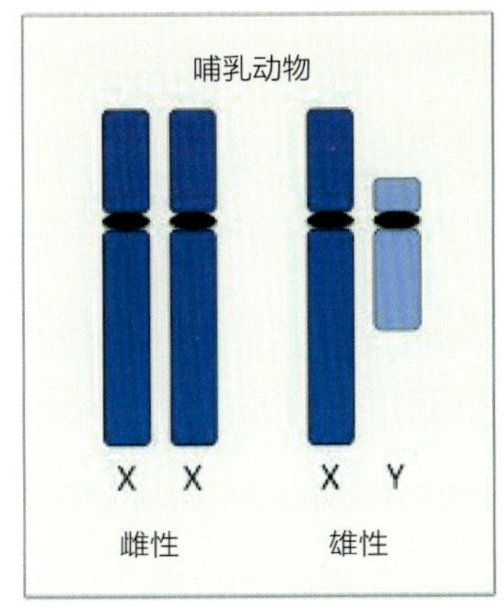

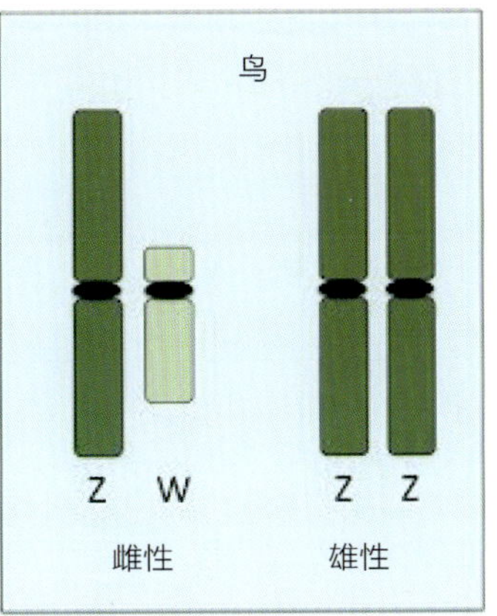

▶ 哺乳动物和鸟类的性染色体示意图

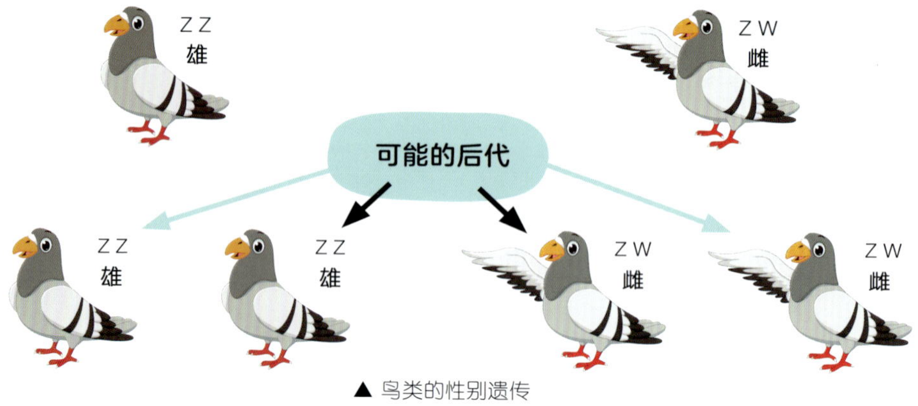

▲ 鸟类的性别遗传

2003 年的一项研究显示，全球约有 1600 万名男子的 Y 染色体非常相似，都源自 12 世纪的一名东亚男子，这名东亚男子很有可能是“一代天骄”成吉思汗。

而鸟类的性别遗传和哺乳动物正好相反，是由雌鸟的染色体决定的，鸟妈妈说了算。

鸟类的性染色体记作 W 和 Z，以便和人类区别。鸟爸爸携带的两条性染色体是 Z 和 Z，一样长。鸟妈妈携带的两条性染色体是 Z 和 W，一长一短。

所以，孔雀宝宝以后能不能开屏，“花枝招展”的孔雀爸爸说了不算。

大千世界真是无奇不有，昆虫的性别遗传又有不同。

蜜蜂的卵，如果受精，会成为二倍体雌蜂（32 条染色体，蜂后或工蜂）；如果不受精，就会成为单倍体雄蜂（16 条染色体）。

雌蜂还是雄峰，是由染色体数目决定的。

看一看，从人到鸟再到蜜蜂，性别的遗传是如此不同。

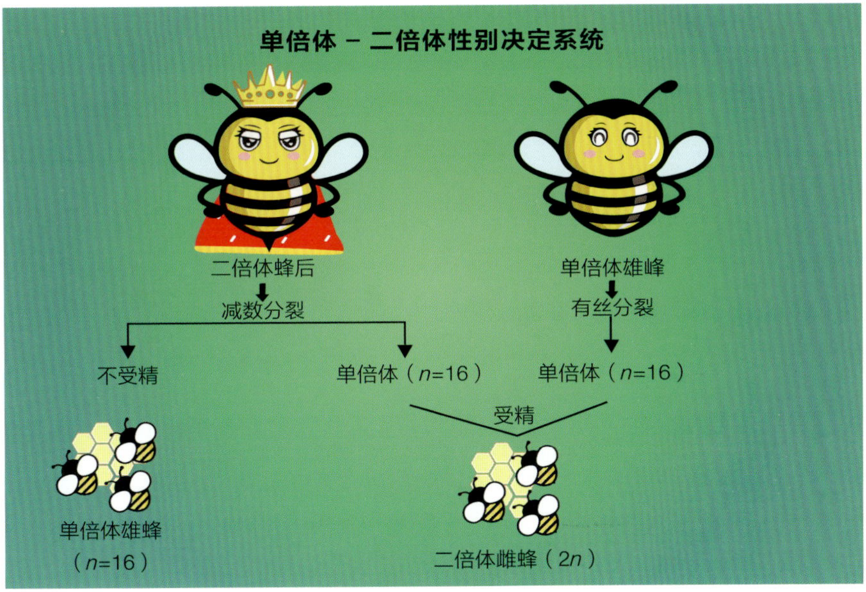

单倍体 - 二倍体性别决定系统

二倍体蜂后
减数分裂
不受精
单倍体（n=16）
单倍体雄峰
有丝分裂
单倍体（n=16）
受精
单倍体雄蜂
（n=16）
二倍体雌蜂（2n）

▲ 蜜蜂的性别遗传

3

产床的秘密

决定生物性别的因素，除了染色体，还有环境。

有一种海龟，在32℃以上的高温条件下，孵化出来的小海龟都是雌性的。而在28℃以下的低温条件下，孵出的小海龟都是雄性的。在28～32℃之间，雌雄各半。

生男生女不是爸爸说了算，也不是妈妈说了算，是由产床的温度说了算，这是多么神奇——有时前后孵化的小海龟性别不同，或许只是因为一朵乌云飘过，沙滩冷了一些。

由温度决定性别的动物还有鳄鱼。在鳄鱼孵化期间的第二周，如果孵化温度低于30℃，受精卵就会孵化成雌性鳄鱼，如果温度高于34℃，就会孵化成雄性鳄鱼——没有查到30～34℃区间的情况，或许也是按一定概率随机决定性别的吧！

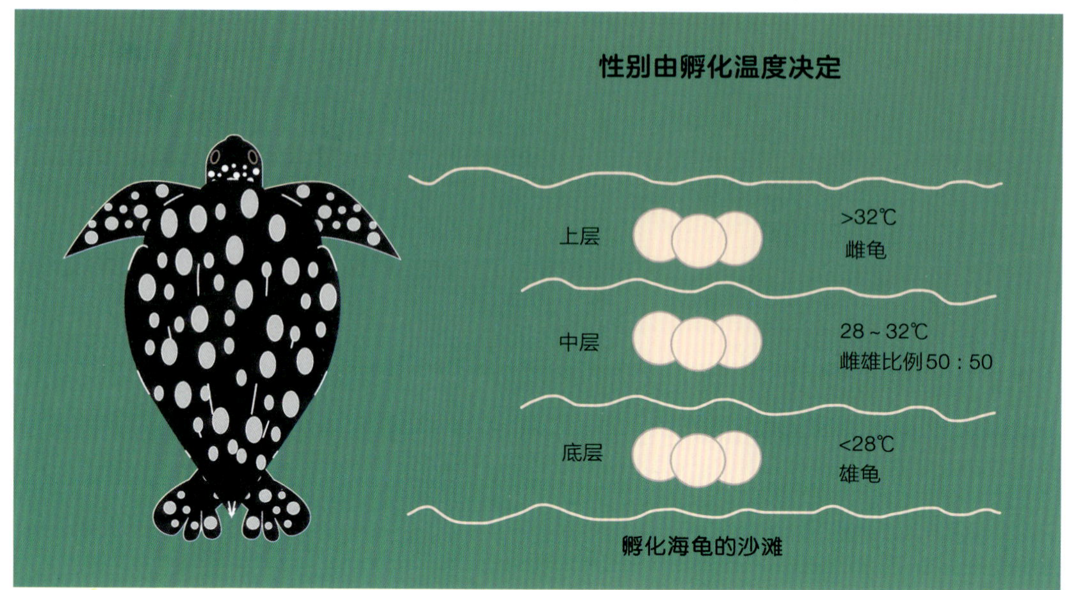

▲ 孵化温度决定性别

性别除了可以由环境温度决定，还可以由社会行为决定。

《海底总动员》中的尼莫是一条小丑鱼。小丑鱼有一个神奇的特征，就是可以改变性别。在每个小丑鱼群落中，都有一条占据家族主导地位的雌鱼。如果这条具有统治地位的雌鱼死亡了，将会有一条成年雄性小丑鱼体内的激素产生变化，在几周内转变为雌鱼，并且完全具备雌鱼的生理机能。不过需要注意的是，小丑鱼的变性也有一定限制，只能从雄性变为雌性，而不能从雌性变为雄性。所以，如果你看一本关于小丑鱼的童话，可能主角儿出场时是叔叔，剧中突然变成了阿姨——哦，应该是小丑鱼部落的“女酋长”，你不要觉得奇怪。

在性别选择方面最神奇的是海底的绿匙虫，它的幼虫是没有性别的。

如果幼虫随波逐流，落在海底，这只顽强独立的幼虫会发育成雌性，体长达十几厘米。

如果幼虫在水流的冲刷下正巧（不幸）掉落到一只雌绿匙虫身上，它就“赖上了”那只绿匙虫，会变成雄性，而且，还不想长大，体长仅 1～3 毫米。最让人想不到的是，此生它就寄居在雌虫体内了。

这样奇葩的虫子不看一下真面目还真的对不起它了。照片里是顽强独立的那只雌绿匙虫，长不大的那只雄性懒虫你看不见，需要放大镜才能让它原形毕露。

▲ 绿匙虫

4

男娃会不会消失？

人类的 X 染色体和 Y 染色体决定了后代的性别。

女性拥有两条完全正常的 X 染色体，而男性则拥有一条正常的 X 染色体和一条“萎缩”的 Y 染色体。

科学家发现，从早期的哺乳动物到灵长类动物，Y 染色体一直在缩小。有科学家提出，人类的 Y 染色体或将继续萎缩，迟早要消失。这个理论曾经引起一阵不小的恐慌。Y 染色体在变短，男生怎么办?

如果Y染色体可以表达心情，它或许会唱：“我真的不是故意的，喔，你也可能不相信。”

不过，在“男性将会灭绝”悲观理论的大背景下，也出现了一些乐观的观点。

第一种观点认为，大概在 3000 万年前，恒河猴就和人类发生了分化，但是，恒河猴 Y 染色体上的基因却和人类的差不多。这意味着人类的 Y 染色体，在过去 3000 万年里基本保持了稳定，人

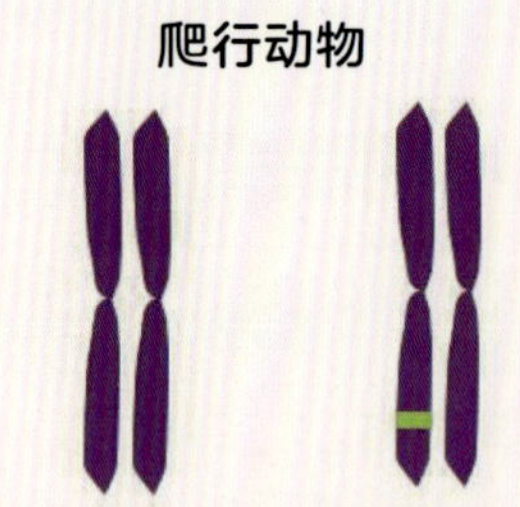

A：3.5 亿年前，性别由温度决定

B：进化出雄性的性别决定基因

单孔类动物

可以互换的部分

不能互换的部分

C：3.2 亿 ~ 2.4 亿年前，

Y 染色体退化，部分区域无法互换

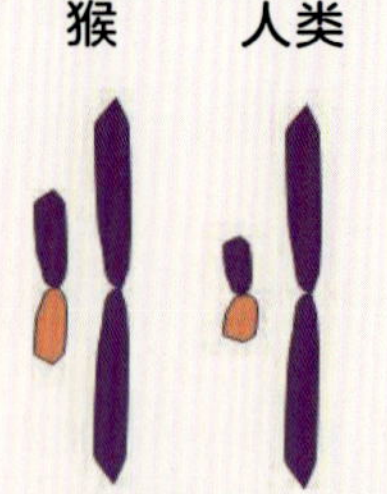

D：Y 染色体进一步萎缩，

只余留很小的一部分可以互换

▲ Y 染色体的变化

体内的一些重要基因的作用阻止了 Y 染色体的进一步变小。Y 染色体正在试图启动“自保”功能，来减缓萎缩退化的速度，甚至可能让其停滞。总之一句话，能自保。

——不过，我发现这个理论的逻辑推理有问题，万一恒河猴 Y 染色体和人同步缩短呢？猴哥啊，咱俩可能是难兄难弟啊！

第二种观点认为，Y 染色体虽然在缩短，但是，它保留了与人类必要功能相关的核心基因。人类 Y 染色体的萎缩只是为了抛弃有缺陷的基因，这或许是某种自然选择在起作用。Y 染色体是在有选择地净化自己，更加“精减”了。总之一句话，浓缩出精华。

——不过，我怎么觉得这个理论有点“阿 Q”啊。

第三种观点认为，就算 Y 染色体有一天真的消失了，男人也不一定消失。科学家发现，鼹鼠和刺鼠已经失去了 Y 染色体，但仍然有雄性和雌性之分。生物在性别决定机制上是非常灵活的，Y 染色体消失后或许会有另一条染色体取代 Y 染色体，成为性别的主要决定因素。

——这一点我倒是没有异议，我也期望雄性依然会存在。我们更需要担心的是，Y 染色体还在，而人类社会中那些“雄壮”“刚毅”“血性”特征的消失。

对于未来，对于科学，我们应该抱有完全开放的心态。

我们还不能确切地肯定 Y 染色体真的会消失，但即便最终“消失派”的论调应验了，生物还会选择其他方式来延续生命，只要不是学习绿匙虫那样就行。

这一点，你说了不算，我说了不算，时间说了算。

最后，来看一下人类 X 和 Y 染色体的 3D 图片吧！

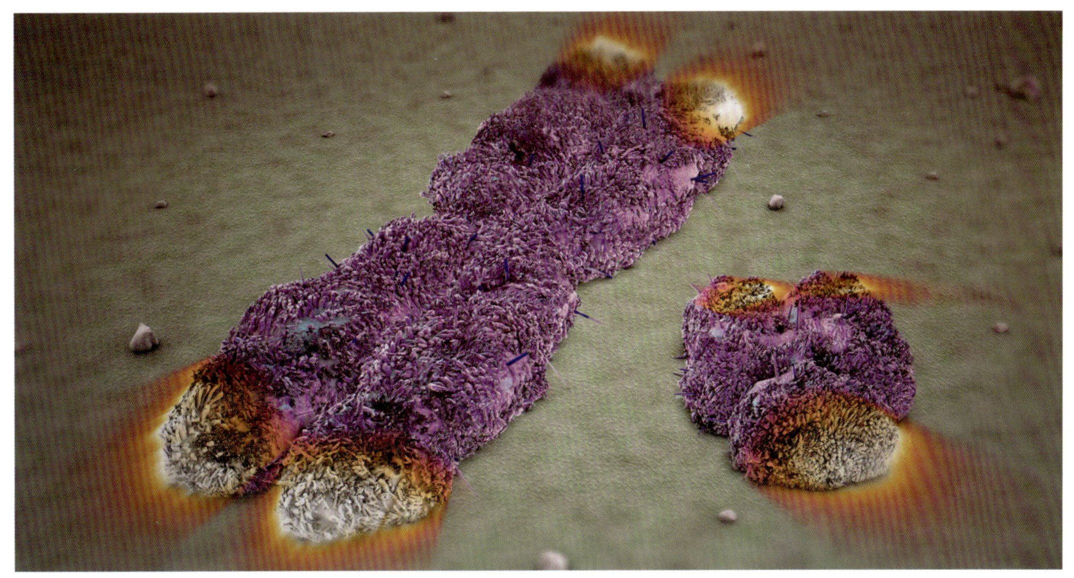

▲ 人类 X 和 Y 染色体的 3D 图片（那熠熠闪光的两端，是和我们的寿命密切相关的部分，会在第 18 讲中专门介绍）

科学家 史蒂文斯

模式生物 甲虫

硬核知识 性别的选择，除了取决于性染色体，还可能与温度、社会行为、生长的环境有关。

顺口溜 弟弟或妹妹，爸爸说了算。雄鸟或雌鸟，妈妈说了算。雄蜂或蜂后，算术说了算。乌龟和鳄鱼，产床说了算。尼莫小丑鱼，选举说了算。奇葩绿匙虫，房产说了算。Y 越来越短，时间说了算。

思考题 你对人类 Y 染色体的未来怎么看？

《那时》

那时，
世间之阴阳，无关染色。

那时，
遇见时的冷暖，便可决定一生。

那时，
蝴蝶还未与梦纠缠。

那时，
身上豪放与婉约的一双印记，
相看不厌，同岁月一般悠长。

第6讲

核酸的历程

锲而不舍，

金石可镂。

捡绷带的怪人

> 用心精至自无疑，
> 千万人中似汝稀。
> ——[唐]方干《送吴彦融赴举》

1868年，德国图宾根的一家医院。

每天有一个怪人会来收取又脏又臭的外科手术绷带。医院的医生和护士，从开始的惊异，到如今已经见怪不怪了。

这个年轻人，看穿着打扮，是个刚毕业的学生。每次来到医院，彬彬有礼，微笑地和碰到的人打招呼，但也不多说话。

据和他说过话的护士说，年轻人的听力似乎有点弱。

医院的主治医生，倒是知道这个怪人的一些情况。怪人叫米歇尔，是瑞士人，医学院的毕业生，而且出身于医学世家，父亲和舅舅都是医学院的生物学教授。

他要这些手术绷带何用？

让我们的镜头转到图宾根大学的一个实验室。

这是化学家霍佩·赛勒的实验室，里面弥漫着难闻的气味。微弱的灯光下，怪人的身影在忙碌着。他仔细地用化学溶剂洗涤绷带，将绷带上的脓细胞与脓液中的血清及其他物质分开，然后，再用猪胃黏膜上的酸液对绷带进行处理。最后留在绷带上的残余物，来自细胞核的内部。

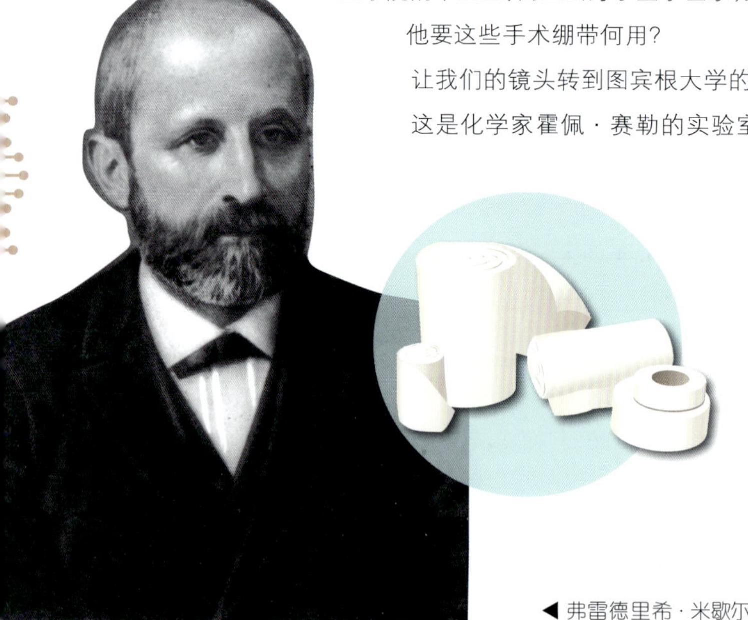

◀ 弗雷德里希·米歇尔（1844—1895）

就这样日复一日，工作了将近一年。

他终于发现了一种新细胞成分。元素分析显示这种新细胞成分有约 14% 的氮和 3% 的磷。而在一般的蛋白质中是没有磷的。这少量的磷，是新细胞成分区别于蛋白质的最重要特征。

米歇尔将这项重要的发现写成论文，交给了他的导师赛勒。

发现一种新细胞成分将是轰动科学界的新闻，可新细胞成分怎么会这么容易被一个年轻人发现呢？赛勒对米歇尔的研究半信半疑。他治学严谨，拒绝了在他主编的《医学化学研究》上发表这篇论文。

之后两年，赛勒也投入到了类似的研究，并从酵母细胞和其他生物细胞中也发现了相似的物质，从而证实了米歇尔的工作成果。赛勒写道："即使我熟悉米歇尔博士的精心研究方法，我也无法抑制对他数据正确性的某些怀疑。这些推论对于生理学的发展具有非常重要的意义，以至于我重复了关于核物质的那部分工作。"

1871 年，米歇尔的论文《脓细胞的化学成分》终于在《医学化学研究》上发表了。因为这种新物质来自细胞核，米歇尔将它取名为"核素"。这个核素，就是我们现在所说的核酸。

这是科学史上第一篇关于核酸的论文，也成了核酸研究划时代的丰碑。

后来，米歇尔来到了家乡巴塞尔任教，并在教学之余研究鲑鱼的精子细胞。他发现鲑鱼精子的头部几乎完全由细胞核组成。

秋天的莱茵河，大量的鲑鱼逆流而上产卵。为了获得新鲜的鲑鱼精子，米歇尔经常来到河边垂钓。只取雄鱼，不取雌鱼。

"我看见山鹰在寂寞两条鱼上飞，两条鱼儿穿过海一样咸的河水。"米歇尔看到了生命的"核素"，看到了"万物生"。

为了分离精子，米歇尔先将鱼精子挤压出来，然后用水洗涤。当精子沉淀成细粉状时，米歇尔用乙醇和乙醚来提取脂质，再用水洗涤除去残留的蛋白质，最后得到核素。

所有这些工作需要在低温中快速完成。那时没有冷室，他只能在冬天做实验，还将没有暖气的实验室的所有窗户打开。米歇尔怀着对科学的不懈追求和热情，经常在冰冷的实验室工作，从黎明直到午夜。

2

嘧啶和嘌呤

▲ 阿尔布雷希特 · 科塞尔（1853—1927）

在核酸研究方面，接过米歇尔大旗的，是他的师弟科塞尔。

科塞尔出生于一个商人家庭。当他还是个孩子时，就显示出对植物学和化学的偏爱，被家人和朋友戏称为“植物迷”。他喜欢在院子里观察研究植物的生根、发芽、开花、结果和凋落。在假日，他背上标本箱到郊外去采集标本。常见植物的标本在他那里几乎都有。

大学时，他幸运地遇见了后来被称为“最杰出的教师”的赛勒。

1879 年，他开始研究核素。这种物质在科塞尔研究之前，性质并不明确。

科塞尔将他的研究重点放在核素的构成。但是他没有像米歇尔那样选择从绷带上获取实验的原始材料，而是选择了另一个来源：动物器官。

他与当地的一家屠宰场建立了合作关系，请求对方把牛下水留下来给他研究——别误会了，他可不是为了吃牛百叶火锅。

他从 30 头奶牛中提取了 100 千克胰腺，分离出了 200 升核酸溶液。

1885 年，科塞尔分离出了核酸中的五种碱基成分。

其中一种碱基叫鸟嘌呤（guanine），guanine 来自鸟粪 guano 同样的词根。大家看 G 这个字母像不像一只鸟的喙?

还有一种碱基叫腺嘌呤（adenine)，引用了胰腺的希腊语名称“aden”。

鸟嘌呤和腺嘌呤都属于嘌呤，两者化学结构中都有两个环，一个五边形，另一个六边形。

几年后，屠宰场给科塞尔送去了另一批器官：胸腺（thymus），是牛胸部的特殊腺体，可以提取出称为 T 细胞的免疫细胞。

科塞尔和他的学生从胸腺细胞核酸中发现了胸腺嘧啶（thymine）和胞嘧啶（cytosine)。胸腺嘧啶来自胸腺的词根，胞嘧啶则以希腊语中“细胞”（cyto）一词来命名。嘧啶的分子结构是一个

六边形的环。

还有一种碱基叫尿嘧啶，之前已经被其他人发现了。

可以说，科塞尔的研究成果，有当地屠宰场老板的一份贡献。

这些嘌呤和嘧啶，人们大多用其名称的第一个字母表示：腺嘌呤 A，鸟嘌呤 G，胞嘧啶 C，胸腺嘧啶 T，尿嘧啶 U。

科塞尔选择了以不同字母开头的单词来命名嘌呤和嘧啶，是偶尔随意为之。但是，这种偶尔之举，使得我们今天撰写和解释这些分子变得简单明了。

小结一下：“腺嘌呤 A 小鸟 G，五环六环连一起。胞嘧啶 C 胸腺 T，尿嘧啶在六边里。”

科塞尔小心地水解这些核酸物质，在嘌呤、嘧啶之外，他还发现核酸中存在着碳水化合物。到 20 世纪初，科塞尔和他的学生们把核酸的所有组成成分全部辨认出来了，它们是：戊糖（五碳糖）、磷酸、嘌呤碱基和嘧啶碱基。

1910 年，科塞尔因为对蛋白质和核酸的研究做出了杰出贡献，荣获诺贝尔生理学或医学奖。可惜彼时米歇尔已经过世，不然一定会和科塞尔一起分享诺贝尔奖。

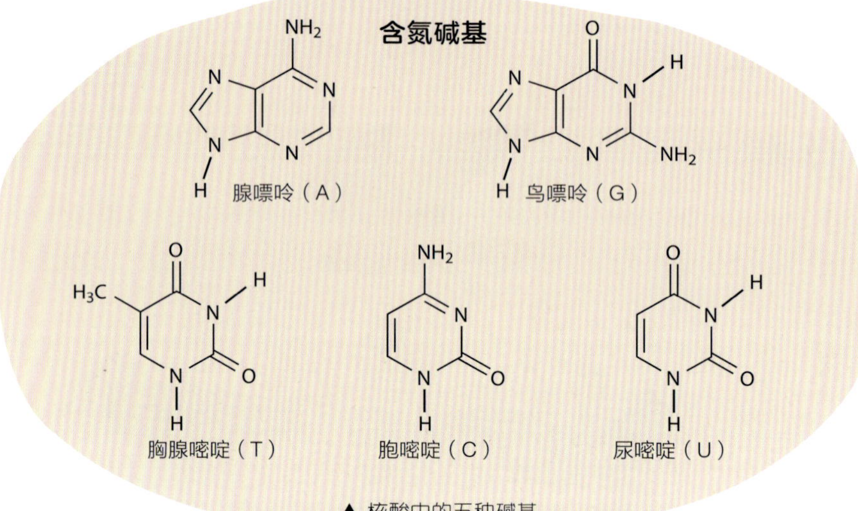

▲ 核酸中的五种碱基

嘌呤和痛风

或许你对嘌呤比较陌生。你是否听说过痛风这种病？它是人体无法消化吸收嘌呤而造成尿酸晶体在关节聚积，从而导致的发炎肿痛。

高嘌呤食物造成痛风

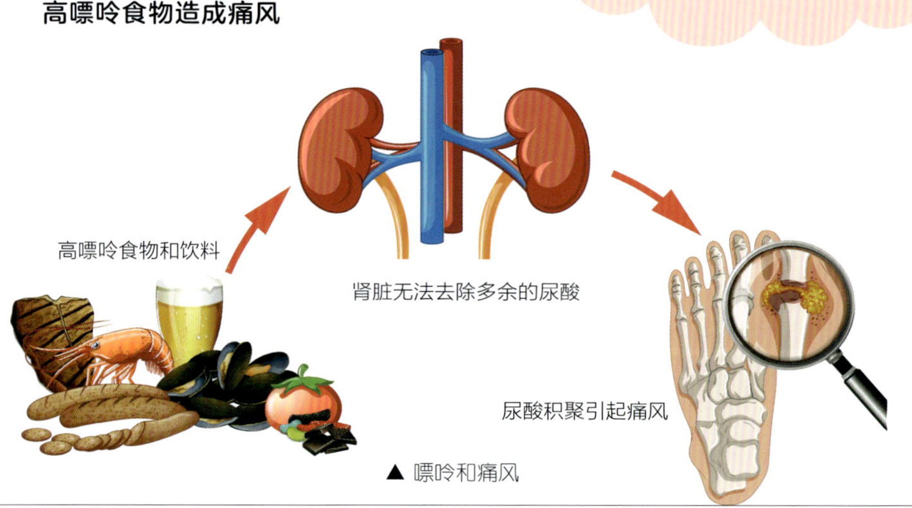

▲ 嘌呤和痛风

3

【挑战阅读】:

核苷酸的剑舞

莱文是科塞尔的高徒，出生于立陶宛（当时属于俄国）。1891 年，他在圣彼得堡获医学博士学位后，随家人移居美国，并在纽约哥伦比亚大学攻读化学课程。后来，他来到科塞尔的实验室研究核酸化学。

莱文的贡献在于，证明了核酸所含的糖类由 5 个碳原子组成，并将这种糖类命名为“核糖”。

▲ P.A.T. 莱文（1879—1940）

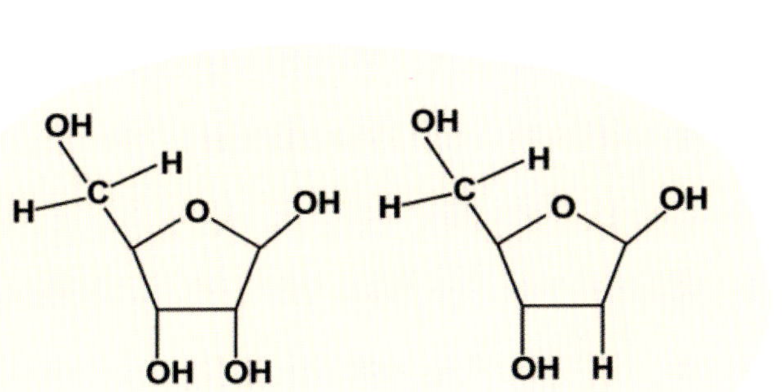

核糖和脱氧核糖

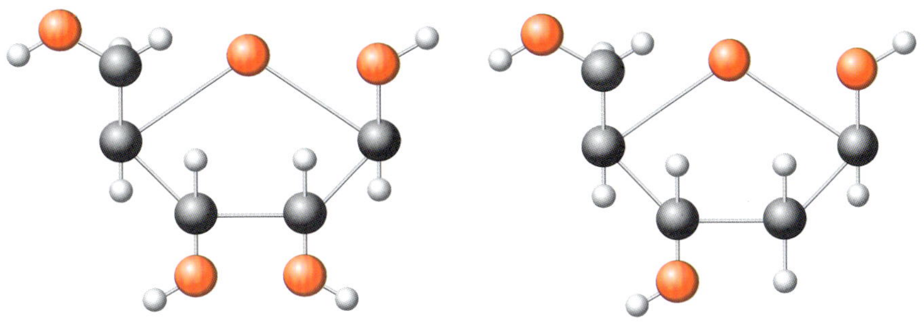

▶ 核糖和脱氧核糖的化学结构

莱文还找到了两种核酸之间的区别。它们的糖是不同的，胸腺核酸的核糖比酵母核酸的核糖少了一个氧原子，缺少的那个氧原子在五边形核糖的右下角。

两种核酸也由原来的名字被更改为“核糖核酸 RNA”和“脱氧核糖核酸 DNA”。

莱文发现核酸的单体结构是核苷酸。每一个核苷酸分子由三部分组成：

如果五碳糖是脱氧核糖，组成的核苷酸就是脱氧核糖核苷酸，它们的聚合物是 DNA。

如果五碳糖是核糖，则组成的核苷酸就是核糖核苷酸，它们的聚合物是 RNA。

腺嘌呤核苷酸

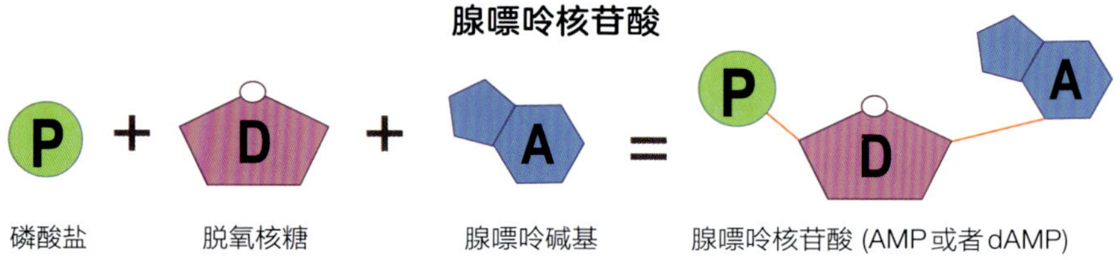

P + D + A = P D A

磷酸盐　脱氧核糖　腺嘌呤碱基　腺嘌呤核苷酸 (AMP 或者 dAMP)

A 表腺嘌呤，
P 表示磷酸盐，
d 表示“脱氧”

鸟嘌呤核苷酸

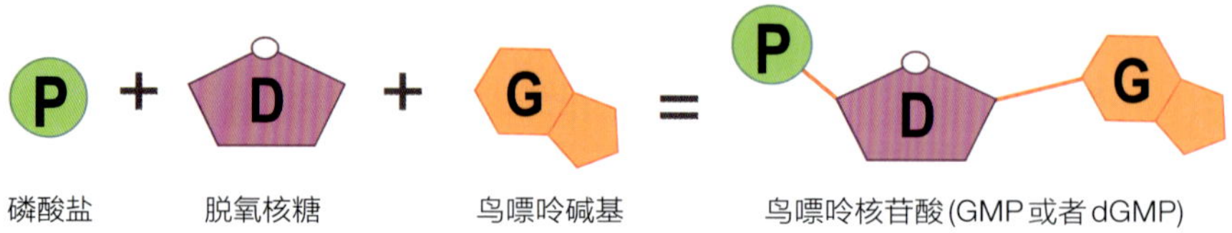

P + D + G = P D G

磷酸盐　脱氧核糖　鸟嘌呤碱基　鸟嘌呤核苷酸 (GMP 或者 dGMP)

P + D + C = P D C

磷酸盐　脱氧核糖　胞嘧啶碱基　胞嘧啶核苷酸 (CMP 或者 dCMP)

胸腺嘧啶核苷酸

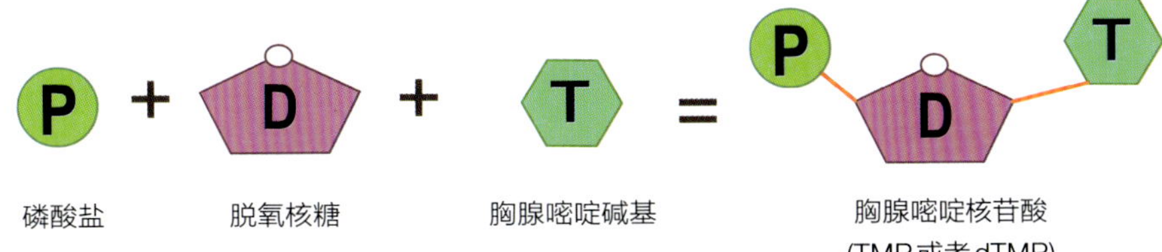

▶ 核苷酸的结构简化图示

让我们来参观一下核苷酸的“英姿”吧。

那个五边形的五碳糖，像不像一个粗壮威武的武士？

他的右手挥动的磷酸盐，像不像一把十字剑？

他的左手上举的碱基，像不像一个盾牌？这个盾牌有 5 种品牌，分别是双环的鸟嘌呤和腺嘌呤，单环的胞嘧啶、胸腺嘧啶和尿嘧啶。

“小小核苷酸，碳糖作身体。右手磷酸盐，左手举碱基。脱氧不脱氧，只需看腰处。”

有没有发现《左手指月》的歌词内容，和核苷酸的形状很吻合？

左手握大地右手握着天，
掌纹裂出了十方的闪电。
左手拈着花右手舞着剑，
眉间落下了一万年的雪。
左手化成羽右手成鳞片，
某世在云上某世在林间。
——歌曲《左手指月》

▲ 核苷酸细节图示（碱基 + 核糖 + 磷酸盐 = 核苷酸）

五碳糖上有 1'至 5'的编号，1'号连着含氮碱基，5'号连着磷酸盐，还有 3'号是它的右腰。3'和 5'这两个位置特别重要，我们以后会经常提到。2'号连接的氧原子就是决定其为核糖还是脱氧核糖的关键。

当时人们对核苷酸和碱基的定量分析不够精确，因而莱文认为核酸中四种核苷酸的含量大致相等，围成环形的“四象阵”。这就是莱文的“四核苷酸假说”。从形状上来说，就是“以剑指腰”：

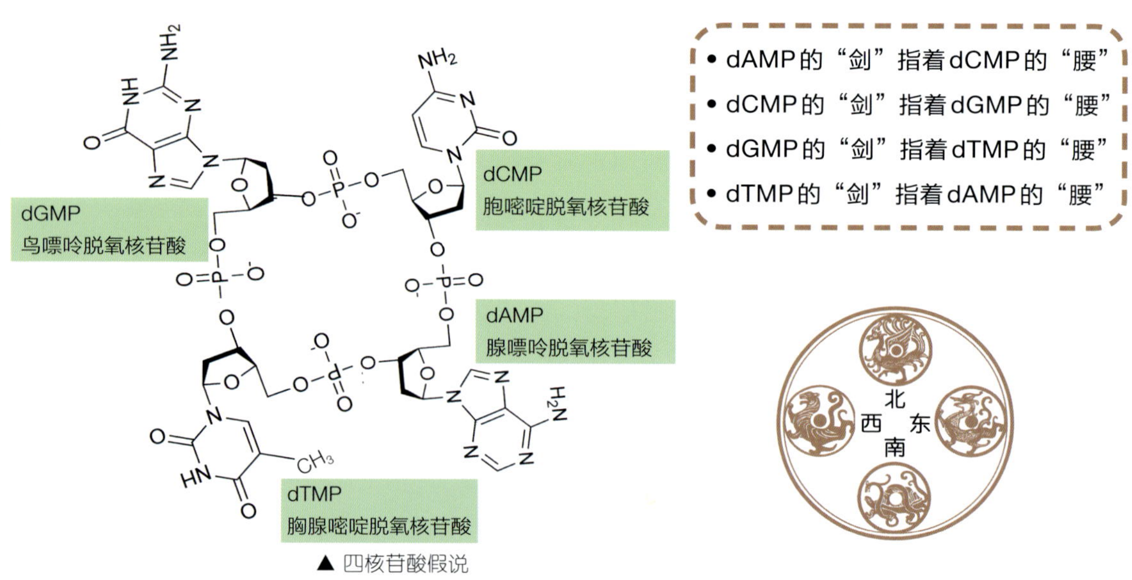

▲ 四核苷酸假说

莱文认为这个“威力无比”的“四核苷酸”四象阵，不断复制，就构成了核酸的结构。这意味着核酸是由某种确定的、排列顺序不变的“四核苷酸”所组成。

莱文的“四核苷酸假说”，一开始只是作为一种假设，但不久便成了生物化学研究界公认的内容。科学界由此认为核酸是一种简单重复的多聚体，不具备遗传物质的多样性和复杂性。因此，核酸是遗传物质的设想被否定了。当时，人们发现蛋白质是由 20 种氨基酸组成，更为复杂和多样，蛋白质也就成了当时遗传学研究的重点。这个影响一直持续到 20 世纪 40 年代。

虽然，莱文的假说是错误的，但是不得不承认，这个版本分子的结构图确实是非常漂亮的。仔细看，还有汉代乐府诗《江南》的几分意境呢：

“江南可采莲，莲叶何田田。鱼戏莲叶间。鱼戏莲叶东，鱼戏莲叶西，鱼戏莲叶南，鱼戏莲叶北。”

中间的糖和磷酸图案像不像一片莲叶？四个碱基多么像东南西北方向上四条戏莲的鲤鱼啊。

江南可采莲，莲叶何田田。
鱼戏莲叶间。鱼戏莲叶东，
鱼戏莲叶西，鱼戏莲叶南，
鱼戏莲叶北。
——汉乐府《江南》

核酸门的功过

“谁发现了DNA？”

关于这个问题，相信读者到此已经有了答案。

从赛勒到米歇尔、科塞尔，再到莱文，这一门三代的科学家，在核酸（RNA 和 DNA）研究方面做了大量的开创性的工作。真可谓“精诚所至，金石为开”。他们发现核酸来自细胞核和染色体，并分析出了核酸的组成。

但是，由于历史、技术和观念所限，他们没有把核酸和遗传物质联系起来。在这其中，莱文的贡献可谓功过参半。他把核苷酸分解成磷酸盐、五碳糖和碱基，但是，由于当时测量精度所限，提出了错误的“四核苷酸假说”，对于后来几十年遗传学研究起了一定程度的误导作用，使得科学家们一直在蛋白质中寻找遗传的秘密和答案。

从核酸研究开始，生物学就已经进入了一个崭新的天地——分子级别的研究。在更细微处进行研究，科学家能见到的“天地”反而更加宽广了。

在新冠病毒肆虐的时候，“核酸检测”成了一个热门的词，和我们生活密切相关。谁能记得，它最初的身影是被人从外科绷带和牛下水中发现的？150多年前，图宾根大学寒冷的实验室里那个专注的背影，让我充满敬意。150多年后，守护人类健康的最美逆行者，同样让我敬佩万分。

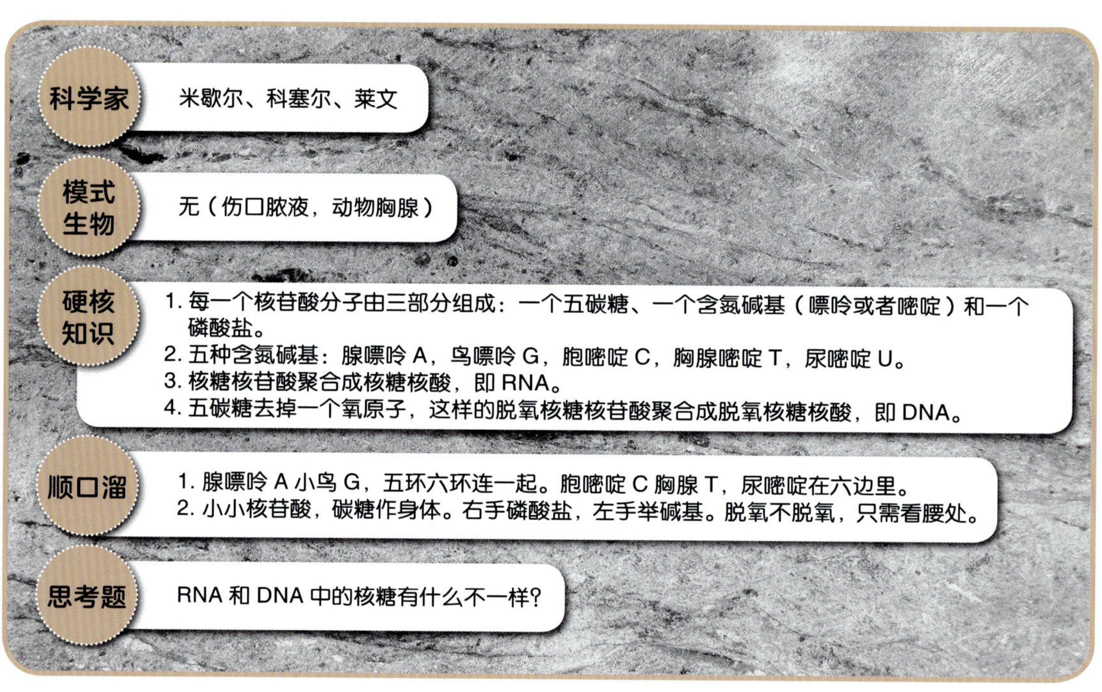

《核酸》

伟哉米歇尔，千里孤独行。
精诚开金石，核素留其名。
同门科塞尔，群牛先震惊。
五碳垒基石，徒手建核城。
脱氧是与否，唯看三号亭。
鸟腺翔嘌呤，胞胸有嘧啶。
联手核苷酸，意气核中精。
莱文布象阵，鱼戏莲花生。
右手十字剑，闪闪锋芒磷。
左手碱基盾，盾盾显威名。
只知四核酸，不知作何形。
一卷核酸经，静候双旋明。

第7讲

“打破”蛋白问到底

知识是一种快乐，

而好奇则是

知识的萌芽。

◉ 培根

引 子

从豌豆中推测遗传因子的存在，到观察马蛔虫、海胆、蝗虫、果蝇的细胞核和染色体，人们找到了遗传物质的载体。

既然染色体是遗传物质的载体，那么，作为一个喜欢刨根问底的读者，下一个问题或许是：染色体中的什么成分才是实际完成遗传的物质呢？

莫言下岭便无难，
赚得行人错喜欢。
政入万山圈子里，
一山放过一山拦。
——[宋]杨万里《过松源晨炊漆公店》

染色体中的主要成分之一是人们早已见识过的蛋白质。人们知道肌肉、血液、皮肤、毛发等各种组织中都有蛋白质，所以，自然而然地推断蛋白质是遗传的物质和载体。这也是20世纪上半叶科学界的共识（虽然之后被证明是错误的）。

这一讲中的两位科学家，他们都在蛋白质研究方面成果卓著，而且都获得过两次诺贝尔奖。

2

桑格测序的唐诗解释

▲ 弗雷德里克·桑格（1918—2013）

第一个故事，还要从20世纪40年代说起。

1943年，在剑桥大学工作的年轻人桑格从博士后导师那里接受了一个研究任务：测定一下胰岛素（也是一种蛋白质）的氨基酸组成。

他们选择胰岛素作为研究对象，一是因为胰岛素是糖尿病患者的特效药物，可以很容易地从附近的药店里买到，二是因为胰岛素分子量比其他蛋白质小，结构相对简单。

当时人们发现，蛋白质是由 20 种氨基酸组成的（近年在蛋白质中发现了 2 种新的氨基酸，一种在某些条件下参与人体蛋白质合成，一种只存在于产甲烷菌中）。在那个年代，生物化学家们想要了解一个蛋白质的氨基酸组成比例，总体而言还是不难的。可以用动物消化道里的消化酶，使蛋白质分解成单个氨基酸——因为那些消化酶的主要功能，就是将食物中的蛋白质降解成单个氨基酸，从而让身体吸收利用。然后，就可以根据不同氨基酸的特性，测定出每种氨基酸的相对比例了。

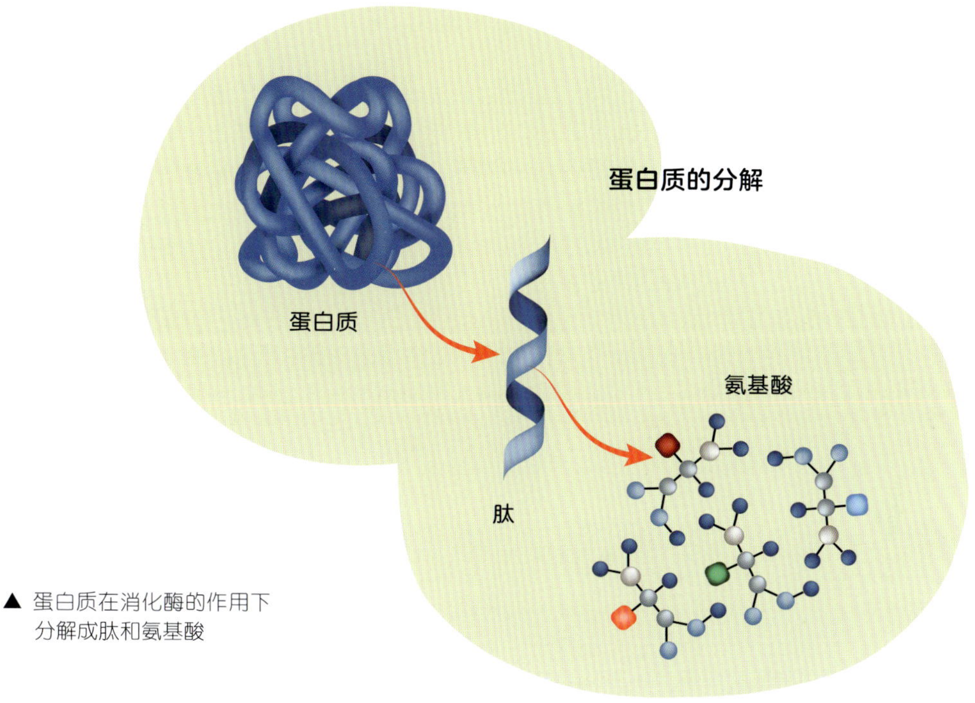

▲ 蛋白质在消化酶的作用下分解成肽和氨基酸

但是，桑格并没有停留在这一步。他不仅仅想测定胰岛素中氨基酸的组成，还想测定氨基酸的排列顺序。从组成到排列，不仅仅所含的信息量呈指数级增加，复杂度也增大。

他找到了一种特定的化合物（后来被称为“桑格试剂”），后者可以与多肽链末端的氨基结合并显示出黄颜色。

他经过大量实验，发现有胰岛素有两个氨基酸染上了黄颜色。这是怎么回事呢？桑格推断胰岛素中的肽链有两条。

接下来，桑格想知道这两条互相连接的氨基酸链，里面的氨基酸排序是怎么样的。

他用酶将蛋白质分解成细碎的片段，再用另一种酶将碎片进一步切割成更细小的短肽链。

然后，在含有这些短肽链的溶液里放一张纸，由于毛细现象，这些短肽链会在纸上爬。就像一首儿歌唱的："阿门阿前一棵葡萄树，阿嫩阿嫩绿的刚发芽，蜗牛背着那重重的壳呀，一步一步地往上爬"。这种方法叫纸色谱法。

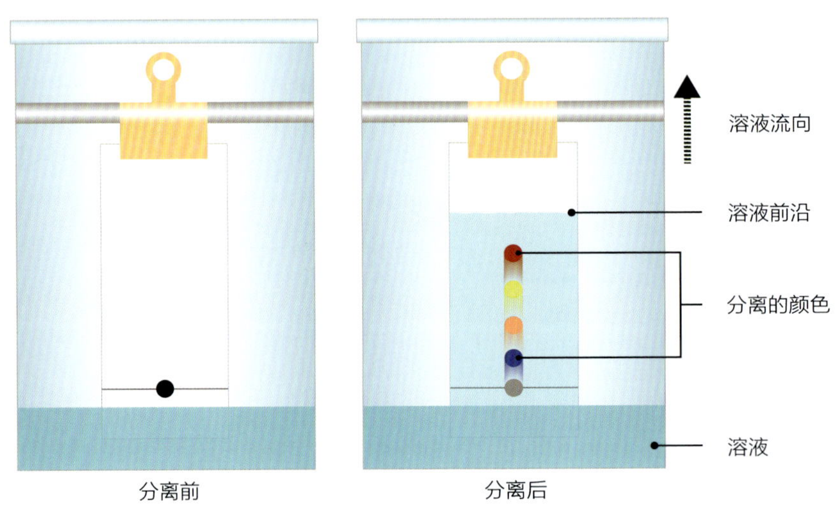

▲ 纸色谱法

纸色谱法是什么高深的科技呢？

你可以取一张吸水的纸，在靠近末端的位置滴上一滴墨水，待墨水略干后把该末端浸入水中，使得墨水接近水面。不一会儿，你就可以看到，水透过纸上的毛细管，往上浸润，在纸面"涂抹"出一条痕迹。这条痕迹是彩色的，在不同的高度显示出的颜色不一样，生成一条色谱。

通过水和纸毛细作用的拉力，把墨点里的各个成分往上拉。因为墨水中不同颜色和成分的物质，和水、纸纤维的亲和程度不一样，造成了它们在纸面上达到的高度和速度也不一样。和水"亲近"的、又不被纸"拉扯"的，就会很快往上攀升；不和水"亲近"的、又容易被纸扯住的，就待在底部了。

1. 用消化酶将胰岛素初步分解

2. 用另一种酶继续分解

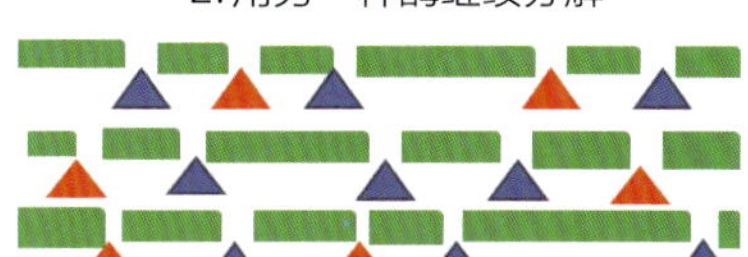

3. 用纸色谱法将短肽链分开

丙氨酸

亮氨酸

缬氨酸

4. 推断出氨基酸的次序

丙氨酸 - 亮氨酸 - 缬氨酸……

▲ 桑格研究胰岛素中氨基酸排序的实验方法

不同的短肽链，就像不同大小和速度的蜗牛，爬到不同的位置。然后，桑格只需分析这些不同高度的肽链，就能分析出胰岛素中多肽链中氨基酸原本的次序。

“阿树阿上两只黄鹂鸟，阿喜阿喜哈哈在笑他，葡萄成熟还早得很哪，现在上来干什么？ 阿黄阿黄你呀不要笑，等我爬上它就成熟了”，是的，等到桑格分析出了这些纸上的彩色墨点，氨基酸的排序秘密就解开了，葡萄也就成熟了。

如果你觉得这个过程太复杂难以理解，我们用诗歌来做一个类比。

比如我们把两句唐诗裁剪成 1 到 3 个字的片段。

用第一种裁剪法，我们得到下面的字条，

仞山，黄河，云间，一片孤，远上白，城万。

如果用第二种裁剪法，我们得到下面的字条，

上白云，间一，万仞山，黄河远，片孤城。

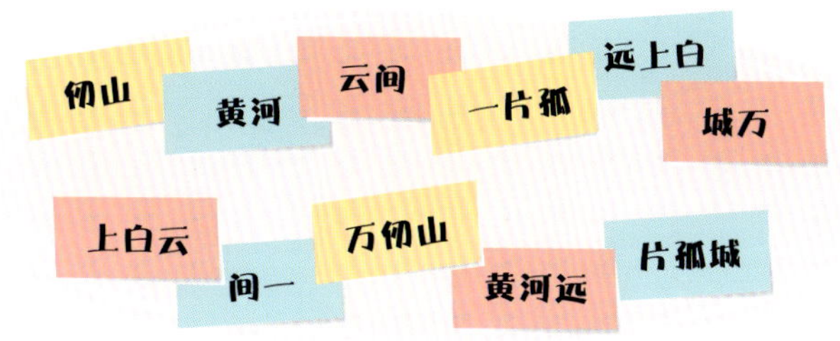

我们把每个字条的第一个字打上黄颜色的背景，相当于表示氨基酸短链的开头。请注意，除了第一个字，小纸条上的其他字我们是不知道顺序的。

先从第一排中任选一个片段，比如，一片孤。

“一”后面是“片”和“孤”两个字，但是不知道“片”在前还是“孤”在前。

然后，从第二排中看到：片孤城。

判断出“片”在前面，“孤”和“城”在后面。根据这两个小纸条，可以推测出次序是“一片孤城”。

回到第一排，看到：城万。

显然“城”在前，“万”在后。

再在第二排，看到：万仞山。

在第一排，看到：仞山。

这样来回在两排小纸片中，可以找到原诗句的顺序“一片孤城万仞山”！

然后可以按照这个思路，找到另一句诗的顺序。

当然，在这个例子中文字本身有相关性，有些字后面很有可能接某一个字，而绝对不可能接另一个字的，所以，文字的排序相对来说简单一点。

而氨基酸的排序，任何两两组合都是可能的。一个胰岛素分子由 51 个氨基酸组成，每个氨基酸有 20 种可能，所以，共有 20^{51} 种排列。

桑格的巧妙之处在于，把多肽链用酶“切碎”，但是，并不是切成一个个单独的氨基酸，而是两个、三个氨基酸组成的短肽链。这样，保留三三两两的氨基酸之间的顺序信息，再加以巧妙的分析，就能分析出长链中氨基酸的顺序。

桑格就像一只勤奋、从不放弃的蜗牛，经过 8 年中无数次单调乏味的实验，他终于分析出了胰岛素的 51 个氨基酸的排列顺序。这条肽链是一条时尚的“珍珠项链”。

- **胰岛素分子有两条链：一条是由 21 个氨基酸组成的 A 链，另一条是由 30 个氨基酸组成的 B 链。**
- **A 链和 B 链通过两对二硫链连接起来，而且 A 链本身还有一对二硫键。**

这是一项了不起的重大突破。桑格在科学界对蛋白质的认识还很匮乏的情况下，不但明确回答了蛋白质具有二级结构，而且成为世界上第一个为蛋白质测序的人。

从此，人们意识到每种蛋白质都有独一无二的氨基酸序列，而正是独特的氨基酸排列顺序，决

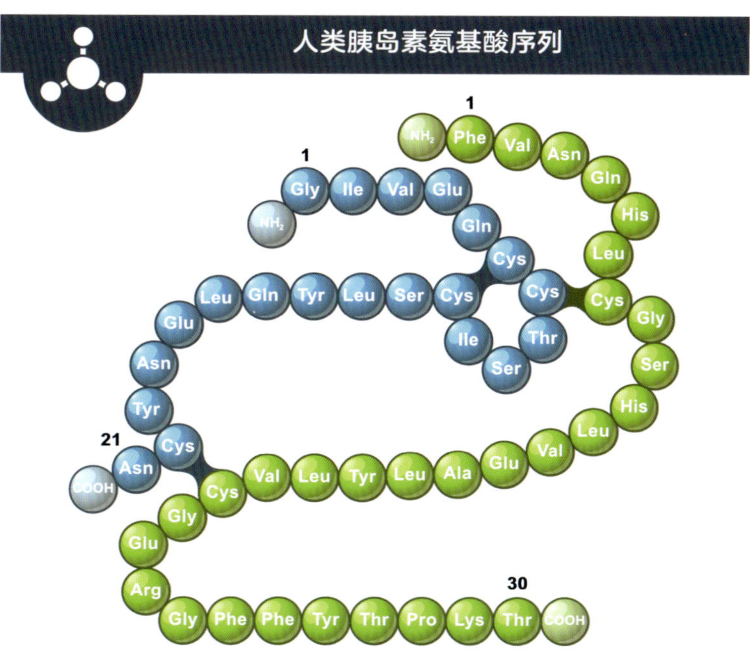

▲ 胰岛素的氨基酸序列示意图

定了每一种蛋白质特别的功能。

此外，桑格还确定了猪胰岛素、马胰岛素、羊胰岛素的氨基酸序列差别。这使人们认识到多年来糖尿病患者所依赖的、作为药物的猪胰岛素，与人类胰岛素略有不同，所以在人类身上会出现副作用。

这真是：“蛋白切片段，氨基成短链。色谱染纸上，推敲出关联。胰岛测序列，桑格美名传。”

作为一项划时代的技术发明，桑格测序法为全世界的生物学家们打开了测定蛋白质结构的大门。1958 年，桑格获得诺贝尔化学奖。

桑格的研究还为人工合成胰岛素铺平了道路。1965 年 9 月 17 日，中国科学院生物化学研究所等经过 6 年多的艰苦工作，在世界上第一次用人工方法合成了一种具有生物活力的蛋白质——结晶牛胰岛素。

桑格这个内向文静的科学家，测序是他一生事业的主题。测定蛋白质结构，只是花了他的三成功力。他还再次发威，又花了三成功力，发明了测定 RNA 和 DNA 序列的方法，并因此在 1980 年第二次获得诺贝尔化学奖。

3

鲍林的旋梯

我们要讲的第二位科学家莱纳斯·鲍林，他在 1901 年出生于美国俄勒冈州。

鲍林的青少年时代是在逆境中度过的。他 9 岁丧父，身为家庭主妇的母亲无力抚养三个子女，家庭经济情况陷入困境。鲍林从 13 岁起就开始在课余时间打工挣钱。他干过许多工作，如在肉店帮忙卖肉，在电影院帮忙播放电影等。

▲ 年轻和年老的莱纳斯·鲍林（1901—1994）

鲍林从小就对周围世界充满强烈的好奇心。有一天，一个同学给他演示了糖与氯酸钾的反应实验，让他觉得非常神奇，于是立志成为化学家。

1917 年，鲍林考取俄勒冈农学院化学工程系，中途因为家境困难一度辍学。1922 年毕业，获得化学工程学士学位。后来，又去加州理工学院，读到了博士。

而后，他继续去欧洲求学，追随过好几位物理大师。他去过索末菲的实验室学习（索末菲是海森堡和泡利的导师），跟随玻尔、薛定谔和玻恩从事量子力学的研究，在布拉格实验室学习 X 射线晶体衍射技术，如饥似渴地吸取当时物理学的前沿知识。

鲍林在科学上的第一个重大贡献，是把量子力学知识应用到了化学中，研究化学键的本质和复杂的物质结构。他由此创立了化学键理论，并应用这一理论，与学生合作确定了 200 多种物质的分子结构，创下了一个前所未有的纪录。

鲍林在科学上的第二个重大贡献，是进入生物学领域。他在 1950 年前后，攻克蛋白质结构。他和合作者研究了蛋白质晶体的 X 射线衍射图，发现蛋白质的多肽链分子可形成 α- 螺旋体。这个螺旋每隔 3.6 个氨基酸旋转一次，而之前人们认为螺旋每隔整数个氨基酸旋转一周。

鲍林进一步揭示了蛋白质的螺旋是靠氢键连接而保持其形状的，也就是说肽链的折叠是氨基酸长链中某些分子间形成氢键的结果。

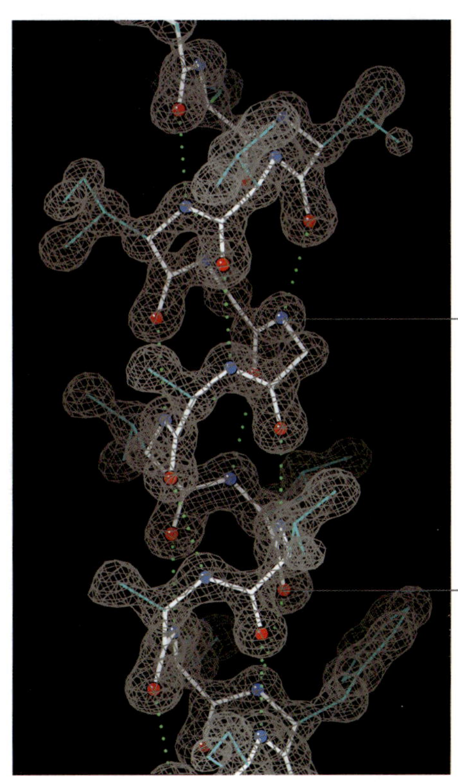

▶ 蛋白质的 α - 螺旋结构

是不是一想到你的肌肉蛋白里有着一个个螺旋，就浑身充满了劲？

1954 年，鲍林因为对化学键本质的研究以及把它们应用于解析复杂的物质结构，而获得诺贝尔化学奖。

1955 年，鲍林和爱因斯坦、罗素、玻尔等人呼吁大家警惕毁灭性武器所带来的危险。1957 年 5 月 15 日，鲍林起草了《科学家反对核试验宣言》。在两周内，有 2000 多名美国科学家签了名。在短短几个月后，有 49 个国家的 11000 多名科学家签名。

1962 年，鲍林因反对在地面测试核弹获得诺贝尔和平奖。

著名的英国《新科学家》杂志曾把他列为人类有史以来最伟大的 20 位科学家之一，与伽利略、牛顿和达尔文等齐名，20 世纪只有他与爱因斯坦比肩。

计算机开源系统 Linux 的取名即参考了鲍林的名字。

正所谓：“化学键论创宗门，推算螺旋若有神。引领反核善莫大，独享双奖第一人。”

双奖人生和四级结构

截至 2022 年，一生中获得两次诺贝尔奖的只有 5 位科学家：

居里夫人
诺贝尔物理学奖，1903 年；诺贝尔化学奖，1911 年

鲍 林
两次独享
诺贝尔化学奖，1954 年；诺贝尔和平奖，1962 年

巴 丁
诺贝尔物理学奖，1956 年，1972 年

桑 格
诺贝尔化学奖，1958 年，1980 年

夏普莱斯
诺贝尔化学奖，2001 年，2022 年

桑格的学生中，有两位获得了诺贝尔生理学或医学奖。

鲍林的学生中，有一位获得了诺贝尔化学奖。

桑格家境优渥，他在博士毕业后向各大高校求职：不差钱，可以不拿工资，愿做自带薪水的科学“打工人”。而鲍林却恰恰相反，从中学开始就是个需要挣钱养家的“打工人”。

桑格性格内向。1983 年，65 岁的桑格在事业如日中天时突然决定退休，直到 2013 年去世。桑格淡出人们的视线，享受了三十年安详宁静的退休生活，在家种菜养花。真像金庸小说《天龙八部》里的那位扫地僧，怀绝世武功，却深藏功与名，每天只是打扫寺院经阁。这是他最后的四成功力。

鲍林敢于冒险、桀骜不驯、我行我素。他的晚年颇有争议，致力于“营养保健”的研究，极力鼓吹正分子医学、大剂量维生素疗法，遭到了医学界的批评。

这两位两次赢得诺贝尔奖的科学家家境和性格迥异，对于生活的选择也完全不同。但是，他们都对自然、生命和科学充满了好奇心。

桑格曾说：“科学研究是最激动人心的职业之一。”测序是他最具有开创性的贡献，从蛋白质测序，到RNA 测序，DNA 测序，生命和遗传的奥秘在他的面前次第揭开。

鲍林曾说：“对好奇心的满足是生活中最大的幸福源泉之一。”他的一生，是对科学和真相不断求索的一生，从量子理论到化学键理论，到生物分子结构，再到人类和平。

正是他们这样的好奇心和钻研，使得我们越来越深入地了解蛋白质的结构：

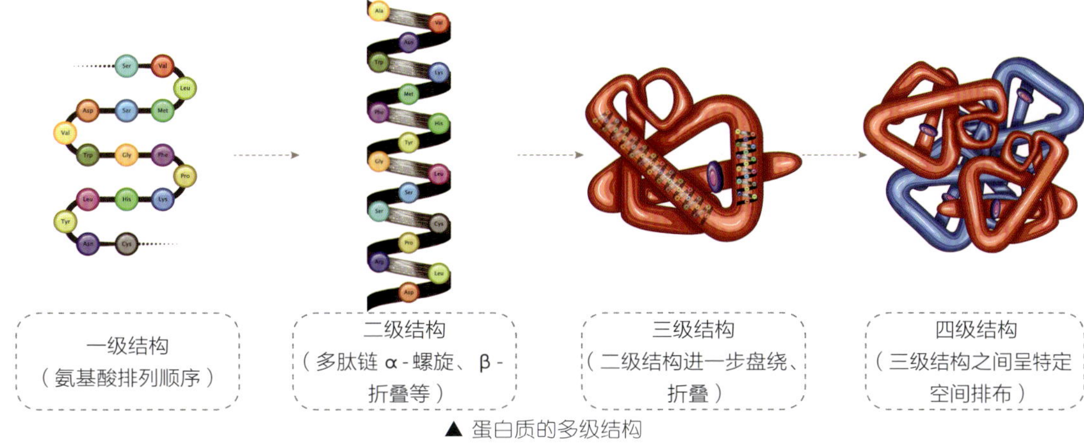

▲ 蛋白质的多级结构

- 一级的蛋白质结构是其中氨基酸的排列顺序；
- 二级的蛋白质结构是多肽链的螺旋和折叠；
- 而后再盘绕成三级结构的亚基；
- 最后多个亚基合成四级结构的蛋白质。

下面来见识一下蛋白质数据库中一些美丽而又复杂的蛋白质结构吧。这比最灵巧的手折叠出来的折纸都精美漂亮。

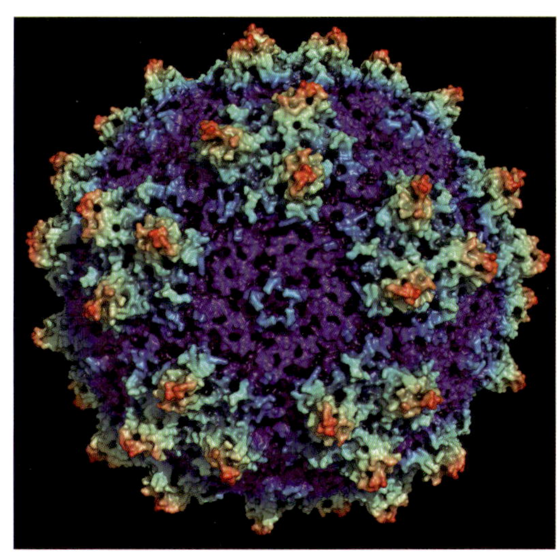

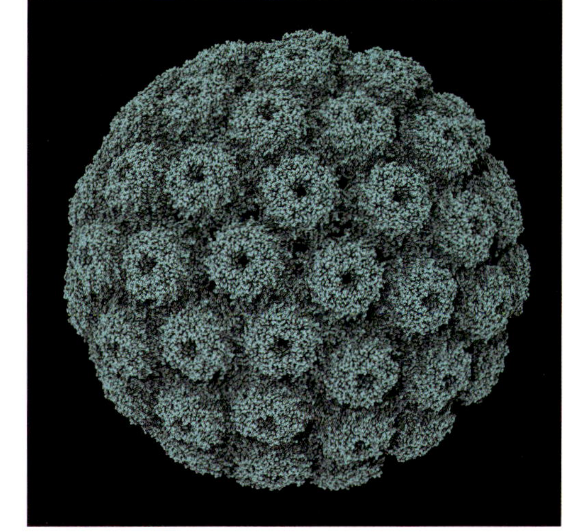

▲ 腺病毒（左）和猿猴病毒 40（右）结构

科学家 桑格、鲍林

模式生物 无（胰岛素，蛋白质）

硬核知识 蛋白质的一级氨基酸结构、二级螺旋结构以及三级、四级结构。

顺口溜
1. 蛋白切片段，氨基成短链。色谱染纸上，推敲出关联。胰岛测序列，桑格美名传。
2. 化学键论创宗门，推算螺旋若有神。引领反核善莫大，独享双奖第一人。

思考题
一个抗生素多肽经酸完全水解后得知含有 Leu，Val，Pro，Phe 和 Lys。用部分水解可产生下列一些二肽和三肽：
（1）Leu-Phe，
（2）Phe-Pro，
（3）Phe-Pro-Val，
（4）Lys-Leu，
（5）Val-Lys。
试问：此多肽的结构和氨基酸的排列顺序是怎样的？

《蛋白质三题》

一、长链

将三维的诗集，
用反复咀嚼的酶，
分解成三三两两的短句。
纸上的淡墨慢慢洇开。
诵读词句里的关联，
凭借起承间的蛛丝马迹，
还原出乐府的流觞。

二、螺旋

结出剔透的晶体，
让光迎面撞入，弹回，
如涟漪荡起。
在星星点点的波光中，
螺旋，上升，徘徊。
从凌波微步的痕迹，
想象出它盘旋的腰身。

三、轮回

从四级一路降维，
再从一级重组而上。
一尾鱼脊上的蛋白，
于体内复活。
在呼吸中卷舒，
在血液中流淌。

第8讲

终于找到你

成 他 人 之 不 能 ，

是 人 生 最 大 的 快 乐 。

1

颜值的杀伤力

在生物学上，确定 DNA 才是真正的遗传物质，经历了戏剧性的一波三折。人们孜孜以求几十年没有找到比染色体更小的遗传物质，却因一个看似不相关的病菌实验见识到遗传物质的真面目。更有意思的是，在这个实验之后 16 年，仍然无人领悟到这个实验已经接近呈现遗传的真相。在将近一代生物学家中，大家谈论到这个实验时，所谈所议的都是“转化”，而不是遗传。

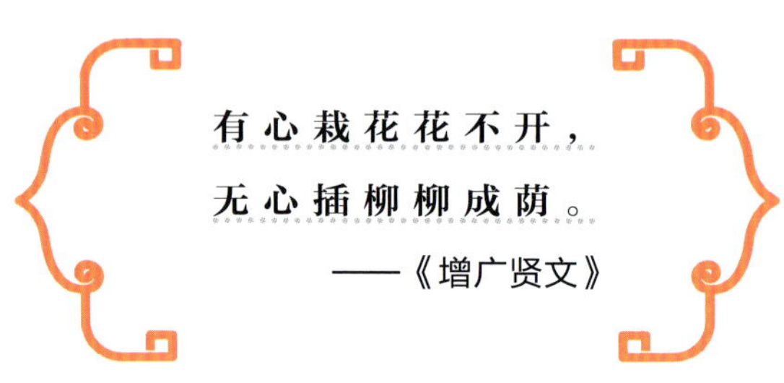

成就这个生物学史上意外发现的是肺炎链球菌，该病菌在 19 世纪已被发现能导致肺炎。

科学家发现，肺炎链球菌有两种形态：表面光滑型（S, smooth）和表面粗糙型（R, rough）。

光滑型的菌株产生荚膜，好像是穿上了一件铠甲，可以躲过人类的免疫系统防线，在人体内导致肺炎。如果注射到小白鼠体中，会引起败血症，并使小白鼠患病死亡——病菌有没有杀伤力，居然也看颜值!

而粗糙型的菌株不产生荚膜，会被寄主的免疫系统消灭，在人或动物体内不会导致肺病——这真是一个看颜值的世界，长得粗糙连病菌都当不好。

1928 年，英国的细菌学家格里菲斯（1879—1941）做了一个有趣的实验。

他使用了四批小白鼠。

?

- 对于第一批小白鼠，格里菲斯给它们注射粗糙型的肺炎链球菌，小白鼠安然无恙。
- 对于第二批小白鼠，格里菲斯给它们注射光滑型的肺炎链球菌，小白鼠一命呜呼。
- 对于第三批小白鼠，格里菲斯给它们注射被高温杀菌处理的光滑型肺炎链球菌，小白鼠安然无恙。
- 对于第四批小白鼠，格里菲斯给它们注射一种混合液，里面有粗糙型的肺炎链球菌，有被高温杀死的光滑型肺炎链球菌。这两种菌本来都是无害的。它们混合在一起应该也是无害的吧？你猜结果怎么样？小白鼠死了！无害相加成有害了。这第四批小白鼠真是比窦娥还冤啊。

格里菲斯认为，光滑型菌虽然死了，却遗留下来一种物质，这一物质引起粗糙型菌转化，产生光滑型菌。他猜想，光滑型菌遗留下来的也许是那件铠甲——荚膜，粗糙型菌因为“穿起了铠甲”，所以能够转变升级成光滑型菌。

那么，这种引起转化的物质是什么呢？格里菲斯对此并未做出回答。

我们回头看这个实验，光滑型死菌体内能引起粗糙型菌转化成光滑型菌的物质，实际上就是遗传物质。粗糙型菌得到了光滑型菌体内的遗传物质，繁殖出了可致病的光滑型后代。不过，在当时科学家的认知中，转化和遗传之间隔了一层纸，没人能看破。

正所谓：“小白鼠肺炎，不是谣传，转化实验，纯属偶然，遗传秘密，何时看穿？”

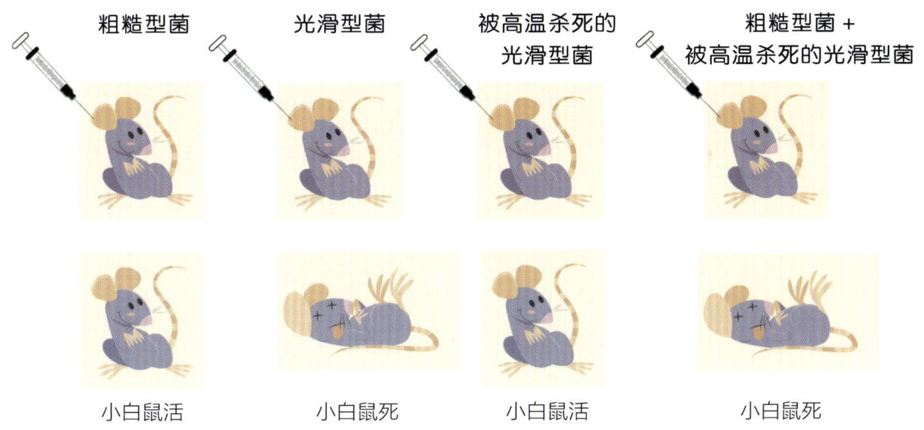

▲ 格里菲斯肺炎链球菌转化实验

注入小白鼠的肺炎链球菌类型	小白鼠感染后反应
粗糙型菌	存活
光滑型菌	死亡
被高温杀死的光滑型菌	存活
粗糙型菌 + 被高温杀死的光滑型菌	死亡

2

排除法的威力

格里菲斯实验的消息，传到美国。

当时在肺炎链球菌方面的权威专家是洛克菲勒研究所的艾弗里（1877—1955），他曾研制出抗肺炎链球菌的免疫血清。艾弗里一开始认为，肯定是格里菲斯的实验操作有误，实验材料中混进了杂质。后来，实验室的研究人员重复了实验，他才相信格里菲斯是正确的。

1944 年，艾弗里、麦克利奥特、麦克卡迪等人在格里菲斯工作的基础上，对转化的本质进行了深入的研究，他们把实验环境从小白鼠体内换到了体外的培养皿中。

那么，为什么艾弗里过了 16 年才研究这个问题呢？因为艾弗里的主业是研发传染病相关的疫苗，那是他投入了毕生精力的领域。转化这个问题，只是他在退休之后的无心插柳（艾弗里于 1943 年退休）。

艾弗里想搞清楚究竟是“铠甲”中的什么成分真正在起作用。

当时，科学家可以用技术“敲掉”细菌中的各个成分。如果能把光滑型肺炎链球菌体内的有机成分一个个“敲掉”，看它还能不能造成危害，就能知道哪种成分在起作用了。

他们在光滑型肺炎链球菌体内分别“敲掉”5 种不同的有机成分：

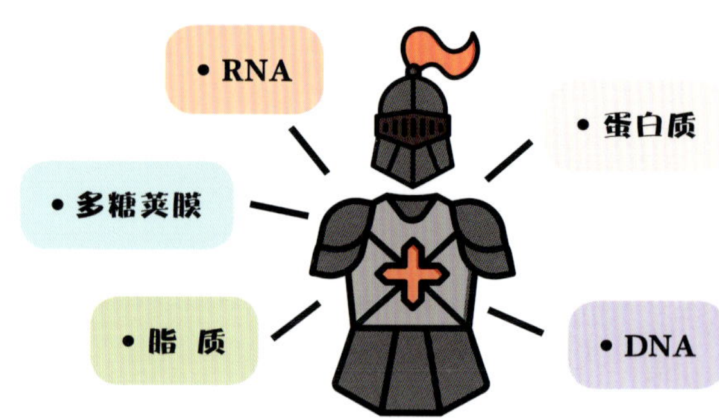

然后将它们分别和粗糙型菌混合在一起，看能不能产生有活性的、可致病的光滑型菌。

这是简单的排除法，看看设计得多巧妙。

对照发现，只有去掉了 DNA 的光滑型菌体失去了将粗糙型菌转化为有致病性光滑型菌的能力。这就说明 DNA 是细胞内的遗传物质，而蛋白质不是。

“非糖非脂非蛋白，排除法下现形来。”

“如果你愿意一层一层一层地剥开我的心，你会发现，你会讶异，你是我最压抑最深处的秘

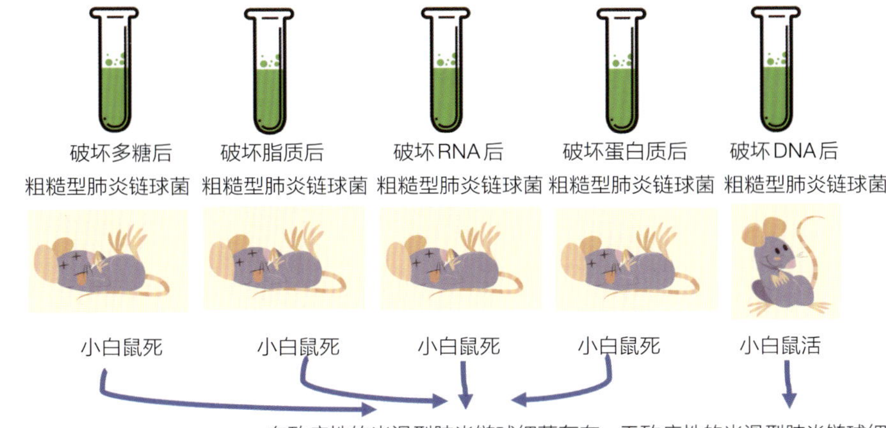

▲ 艾弗里证明转化因子是 DNA 的实验

光滑型肺炎链球菌中已破坏的成分	和粗糙型肺炎链球菌混合之后的产物
多糖荚膜	有致病性光滑型细菌
脂质	有致病性光滑型细菌
RNA	有致病性光滑型细菌
蛋白质	有致病性光滑型细菌
DNA	无致病性光滑型细菌

密。”——这个秘密就是 DNA。

艾弗里等人的实验不但揭开了“格里菲思之谜”，而且在世界上第一次用实验结果确切地证明遗传物质就是 DNA。这是一个十分关键的突破。在此以前，科学界一直认为蛋白质是遗传学的基础，而 DNA 只是蛋白质的一种附属品。从格里菲斯发现转化现象，到艾弗里发现转化与 DNA 的密切相关，中间过去了 16 年。

但是，由于艾弗里提纯的 DNA 之中还有 0.02% 的蛋白质，还有一些人质疑 DNA 是遗传物质的正确性，认为艾弗里的 DNA 被蛋白质杂质污染了。

遗传学界的主流观点根深蒂固，大多数人并不接受艾弗里的发现，仍然认为蛋白质是遗传信息的载体。

▶ 奥斯瓦德 · 西奥多 · 艾弗里

3

【挑战阅读】：

离心机的意外功能

▲ 艾尔弗雷德 · 赫尔希（1908—1997）

▲ 玛莎 · 蔡斯（1923—2003）

对“蛋白质是遗传载体”的观念进行第三次冲击的，是8年之后（1952年）的一个实验。

进行实验的科学家是赫尔希和蔡斯。

实验的对象是大肠杆菌和噬菌体。

第一次看见噬菌体，你一定会惊异于它们的造型。它们看上去仿佛是一个个外星机器人，具有多面体的外形。

别看形状复杂，其实它们只有两个主要结构——DNA 的内心和蛋白质的外壳。

它的尾部有一根刺，可以在大肠杆菌身上钻洞，然后把遗传物质注射进去。噬菌体的遗传物质进入大肠杆菌之后，会“偷取”细菌体内的营养，繁衍出大量的噬菌体。接着，被吸干了养分的细菌外壳就会崩溃解体，内部的噬菌体突出重围一哄而散，继续感染其他细菌。

现在最常见的T2噬菌体，是一种烈性噬菌体，会不断侵入细菌并繁殖，一直把细菌弄到死为止。

既然噬菌体主要由两部分构成：DNA 和蛋白质，那么，我们就可以在它的 DNA 和蛋白质上分别打上标记，看看到底是哪种物质进入了大肠杆菌进行繁殖。能进入细菌体内繁殖的物质，就是遗传信息的载体。

那么，怎么在 DNA 和蛋白质上打上标记呢？

关键在于，DNA 和蛋白质各有一种独有的元素。

- 噬菌体内部的 DNA 有磷元素 P，而其蛋白质则没有；
- 噬菌体外壳的蛋白质有硫元素 S，而其 DNA 中则没有。

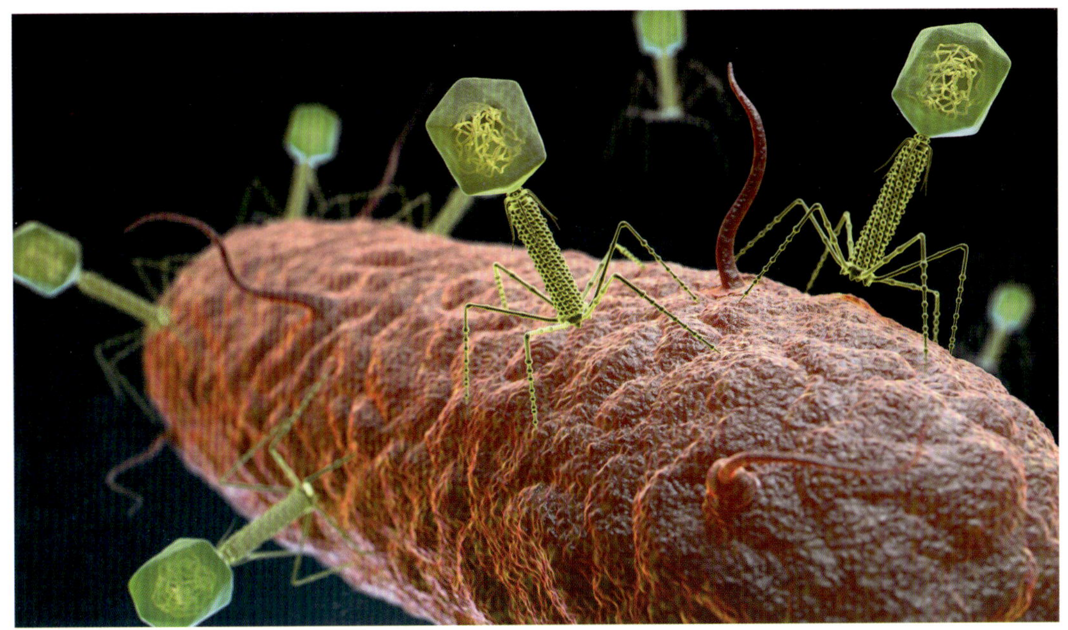

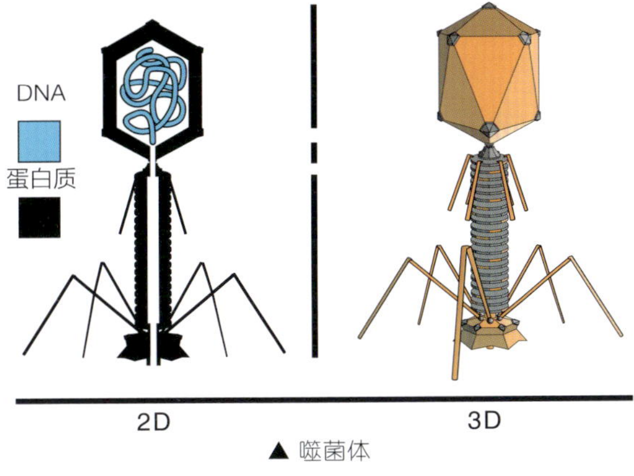

▲ 噬菌体

根据“内磷外硫”这个特征，赫尔希和蔡斯将 T2 噬菌体分成两批，分别放入含有放射性同位素 ^{35}S 以及含有放射性同位素 ^{32}P 的培养基中。

在含有放射性同位素 ^{35}S 的培养基中培养的噬菌体，经过一段时间繁衍，子代噬菌体的蛋白质会有放射性。

在含有放射性同位素 ^{32}P 的培养基中培养的噬菌体，经过一段时间繁衍，子代噬菌体的 DNA 会有放射性。

将标记着 ^{35}S 的 T2 噬菌体与细菌一起温育几分钟后，放入离心机。为什么要使用离心机？因为离心机旋转产生的离心力，能够将附着在细菌表面的噬菌体甩脱。

轻者上浮，重者下沉。轻的噬菌体上浮，重的大肠杆菌下沉，在大肠杆菌体内新繁殖的子代噬菌体也会一起下沉。

他们发现大肠杆菌中不含有放射性同位素 ^{35}S。也就是说蛋白质没有进入大肠杆菌内部，蛋白

噬菌体的功劳

噬菌体在生物遗传研究方面贡献卓著。历史上曾经有“噬菌体小组”在20世纪中叶声名显赫，赫尔希是其中的重要成员。1943年，“噬菌体小组”中的卢里亚、德尔布吕克和赫尔希，发现了病毒的复制机制，并证明了噬菌体和细菌都有基因。他们共同获得1969年诺贝尔生理学或医学奖。

质不是遗传物质。

接下来，他们将标记着 ^{32}P 的T2噬菌体与细菌一起温育几分钟后，放入离心机旋转。他们在下沉的大肠杆菌中检测到高浓度的放射性同位素 ^{32}P（打入“敌人”内部的是P）。

这证明了DNA进入了大肠杆菌内部，DNA是遗传物质。

由此，他们得出结论，噬菌体蛋白质对于噬菌体在细菌体内的繁殖过程并未产生任何作用，指导合成子代噬菌体的基因在它的DNA之中。这为证明DNA是遗传物质提供了令人信服的证据。

“噬菌体，真是牛，大肠杆菌快授首。核酸标上磷，蛋白标上硫，离心机里走一走，只有磷光菌内留。”

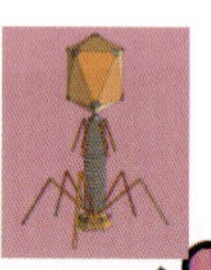
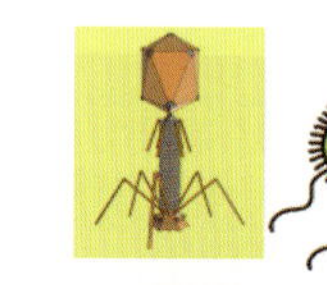
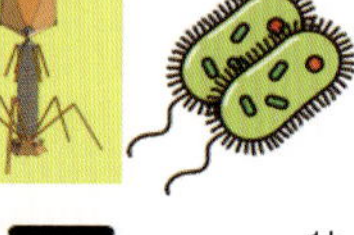
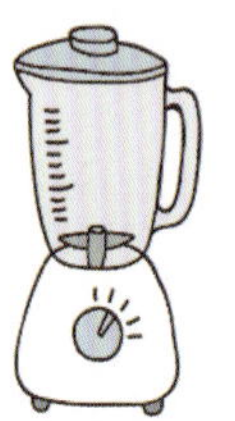

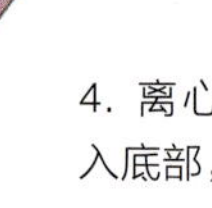
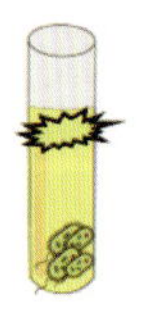

▲ 赫尔希和蔡斯实验

4

研究的快乐

在科学界，要改变一个长期以来大家都接受的观念，需要很长时间。

从格里菲斯到艾弗里，经历了 16 年时间；从艾弗里到赫尔希，又经历了 8 年时间；在赫尔希 – 蔡斯实验之后第二年（1953 年），詹姆斯 · 沃森与弗朗西斯 · 克里克才通过解析 DNA 的结构完美地解释了 DNA 藏有遗传信息的分子基础，让大部分人都接受了 DNA 是遗传物质的观点。

事实上，艾弗里差点被人遗忘。在介绍分子生物学历史的早期著作中，赫尔希 – 蔡斯实验被当成了证明 DNA 是遗传物质的唯一实验。在艾弗里的同事们的抗议下，艾弗里实验才被补充进去。

遗憾的是，艾弗里发现 DNA 是遗传物质的时候已经 67 岁了。由于科学界的不同认识，科学

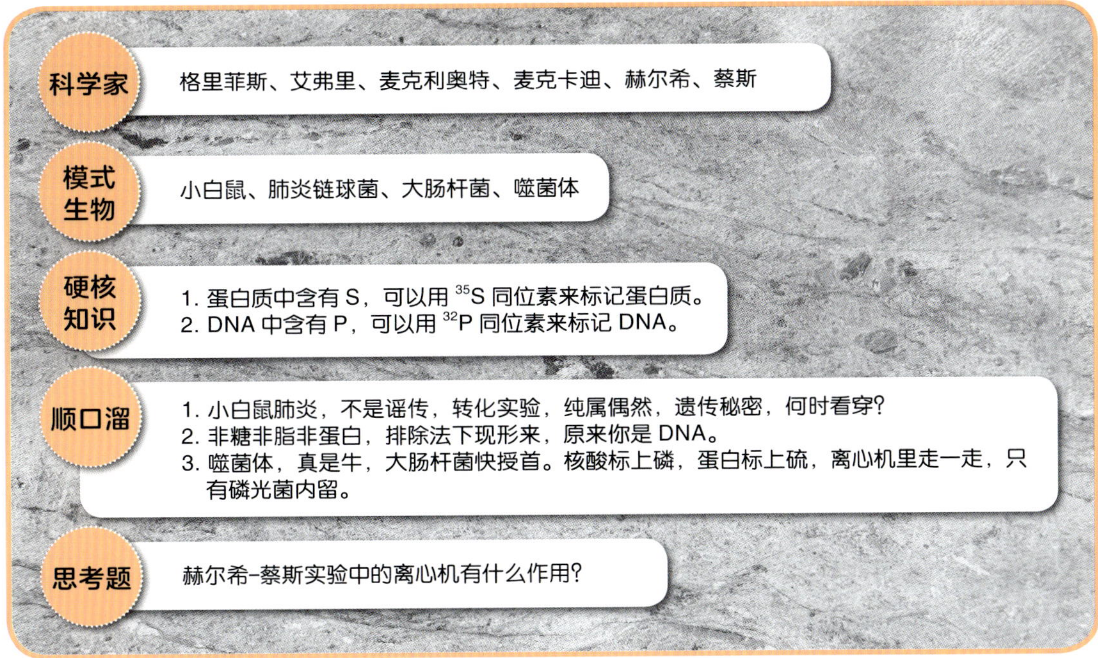

科学家 格里菲斯、艾弗里、麦克利奥特、麦克卡迪、赫尔希、蔡斯

模式生物 小白鼠、肺炎链球菌、大肠杆菌、噬菌体

硬核知识
1. 蛋白质中含有 S，可以用 ^{35}S 同位素来标记蛋白质。
2. DNA 中含有 P，可以用 ^{32}P 同位素来标记 DNA。

顺口溜
1. 小白鼠肺炎，不是谣传，转化实验，纯属偶然，遗传秘密，何时看穿？
2. 非糖非脂非蛋白，排除法下现形来，原来你是 DNA。
3. 噬菌体，真是牛，大肠杆菌快授首。核酸标上磷，蛋白标上硫，离心机里走一走，只有磷光菌内留。

思考题 赫尔希–蔡斯实验中的离心机有什么作用？

界迟迟不肯承认 DNA 是遗传物质。直到 1969 年才授予赫尔希、卢里亚、德尔布吕克三位科学家诺贝尔生理学或医学奖。这时候，艾弗里已经去世 14 年了。

很多科学家都为艾弗里未能获得诺贝尔奖而感到可惜。艾弗里生性低调谦虚，不喜欢抛头露面宣传自己的研究成果。对于一生致力于病菌和免疫研究的艾弗里来说，成他人之不能，是人生最大的快乐。他的乐趣完全在于科学研究的本身。诺贝尔奖于他而言，是身外浮名，得之或可喜，失之不可惜。这种更高层次的快乐，我们即使不能达到，也能心神往之。就像一首歌唱的："笑一个吧，功成名就不是目的，让自己快乐快乐，这才叫做意义。"

《守之道》

如此江山，
繁花可以删去，
秋水可以删去，
云舒云卷可以删去，
只需握住掌中月色，
就能怀揣灵犀的真意。

如此人生，
浮华可以删去，
名利可以删去，
物喜己悲可以删去，
只需保留眉间淡然，
就能悟得本性的妙谛。

如此躯体，
蛋白可以删去，
多糖可以删去，
脂质 RNA 可以删去，
只需守住一份 DNA，
就能传承生命的秘密。

第9讲

生命的旋梯

DNA和RNA

至少已经存在了几十亿年，

双螺旋始终在积极活动，

但人类却是地球上第一个

注意到它们存在的生物。

◉ 詹姆斯·沃森

1 查加夫的发现

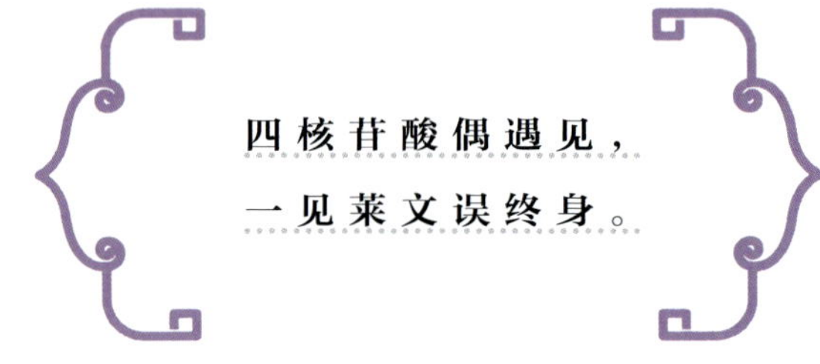

这两句诗并不是来自某篇小说，也未在历史中记载。这只是笔者对于 20 世纪上半叶生物学界的感叹：当时的生物学家研究遗传物质却一直错过了 DNA。

因为莱文的“四核苷酸假说”，在一定程度上让人们认为核酸的分子结构过于简单，“四鱼戏莲”的结构太过单一，无法达到遗传物质所要求的多样性，所以，在三十多年时间里，科学家一直在蛋白质中寻求遗传信息的载体。艾弗里错过诺贝尔奖或多或少也与此有关。

当然，如果你把这两句看作是对莱文颜值和风度的赞美，也未尝不可。

把大家从“四核苷酸假说”上拉回来的，是奥地利的生物学家查加夫。他受到了艾弗里实验的影响，认为 DNA 才应该是遗传物质。同时推断，因为生物的复杂多样性，所以不同生物的 DNA 结构一定是不一样的。因此，他对莱文的 " 四核苷酸假说 " 产生了怀疑。

在 1948 年到 1952 年的 4 年时间内，他利用了比莱文时代更精确的纸色谱法，分离 4 种碱基，用紫外线吸收光谱做定量分析，经过多次反复实验，终于得出了不同于莱文的结果。

▲ 埃尔文 · 查加夫（1905—2002）

查加夫用酸液把 DNA 的分子结构打开，然后，用纸色谱法让 4 种碱基在纸上攀升，再做各种精密的测量。这就是我们之前介绍的“蜗牛赛跑大法”。在这里，一共有四只“蜗牛”，分别是 4 种碱基。“阿门阿前一棵葡萄树，阿嫩阿嫩绿的刚发芽，蜗牛背着那重重的壳呀，一步一步地往上爬”。

查加夫发现，在 DNA 中，腺嘌呤与胸腺嘧啶数量相近，鸟嘌呤与胞嘧啶数量相近。比如，人体 DNA 分子中有：

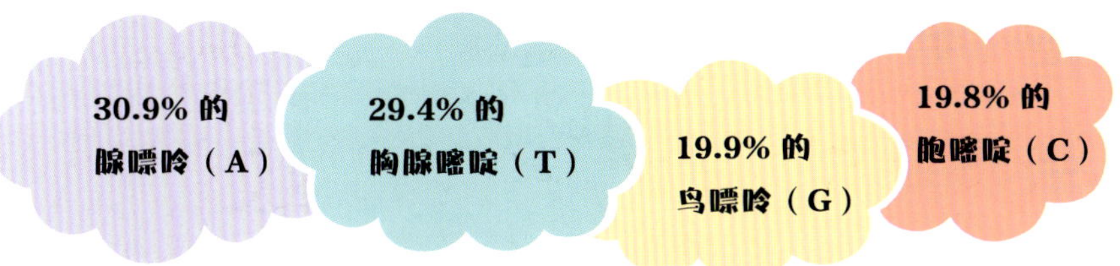

A=T 可以用“Apple Tree 苹果树”来帮助记忆，G=C 可以用“Car Garage 车库”帮助记忆。既然 A=T，G=C，那么，A+G=T+C，也就是说嘌呤的总含量与嘧啶的总含量相等。

查加夫的实验数据

DNA 来源	碱基比例				碱基相对比例	
	A	G	C	T	A/T	G/C
人	30.9	19.9	19.8	29.4	1.05	1.00
羊	29.33	21.4	21.0	28.3	1.03	1.02
蝗虫	29.3	20.5	20.7	29.3	1.00	1.00
海胆	32.8	17.7	17.3	32.1	1.02	1.02
海龟	29.7	22.0	21.3	27.9	1.05	1.03
酵母	31.3	18.7	17.1	32.9	0.95	1.09
大肠杆菌	24.7	26.0	25.7	233.6	1.04	1.01

“蜗牛”再一次立功了。这个结果一出来，直接否定了“四核苷酸假说”。DNA 中不同碱基的含量并不全等，这也意味着核酸的分子结构可能并不单一。

查加夫还发现，同一种生物体的不同器官、不同组织的 DNA，具有相同的碱基比例。但是，不同物种之间，DNA 碱基的比例是不一样的。

查加夫的发现为探索 DNA 分子结构提供了重要的线索和依据。

正所谓：“碱基相等进车库，蜗牛爬上苹果树，踏破铁鞋无觅处，得来全靠查加夫。”

2

妙手偶得双螺旋

1952 年，查加夫的纸色谱实验和赫尔希的噬菌体实验都得到了令人振奋的结果。

“众里寻他千百度，蓦然回首，那人却在，灯火阑珊处。”

八十多年前，米歇尔在手术绷带的脓血和鲑鱼精子中发现了核酸，但直到此时，科学界才开始慢慢意识到 DNA 才是遗传物质。

那么，DNA 的分子结构是怎样的?

怎样的结构才能演化出地球上纷繁多样的生命?

遗传学的历史发展到此时，可谓“万事俱备只欠东风”了，该轮到我们的主角出场了。

1928 年 4 月 6 日，沃森出生在美国芝加哥市一个普通的中产阶级家庭。童年时期的沃森在父亲的影响下，对鸟类学抱有极大的兴趣，喜欢看鸟、捕鸟、遛鸟。后来，进入芝加哥大学修学动物学，准备将来当一名鸟类学家。

1946 年，沃森看到了一本改变无数科学家职业轨迹的传奇著作——物理学家薛定谔的《生命是什么》。一方面受薛定谔的影响，另一方面受美国遗传学家穆勒的激励（穆勒独享 1946 年的诺贝尔生理学或医学奖），沃森决定从事遗传学研究，进入印第安纳大学读博士，成为“噬菌体小组”的卢里亚的开门大弟子。

1951 年 5 月，在意大利那不勒斯举行的一个学术会议上，他听到了英国晶体学家威尔金斯的学术报告：采用 X 射线晶体衍射技术来研究 DNA 结构。沃森被深深吸引，决定研究 DNA 的分子结构。

这位性格跳脱的博士生，和平时常见的科学家不同。他曾经在晚年的一次采访中回忆说，当时有两件事可以让他有成就感：找到 DNA 的分子结构，或者是找到一个女朋友——当前流行的“凡尔赛体”，早就被沃森玩过了。

1952 年，他来到了英国的卡文迪许实验室，一边找 DNA 的分子结构，一边找女朋友。卡文迪许实验室当时是物

▶ 詹姆斯 · 沃森（1928— ）

理学研究圣地，其中多名科学家获得过诺贝尔奖。当时的实验室主任小布拉格，决定实验室转型开展生物学研究。小布拉格在 1915 年因发现 X 射线衍射测定晶体结构的原理，和他父亲分享诺贝尔物理学奖，得奖时年仅 25 岁，是自然科学领域最年轻的诺贝尔奖获得者。

▲ 弗朗西斯 · 克里克（1916—2004）

卡文迪许实验室接纳了沃森，而年少成名的小布拉格更是对沃森这位后起之秀青睐有加。

沃森去英国虽然没有寻找到人生伴侣，却找到了重要的科学伙伴克里克。

克里克是一位物理学家，拥有扎实的物理学知识背景。同样受到薛定谔《生命是什么》的影响，克里克在三十而立的时候，决定转向生物学的研究。

或许是命中注定吧，他的爷爷曾经是一位业余博物学家，还和达尔文有过交往。

克里克在卡文迪许实验室遇到了来自美国的小伙子沃森。沃森 24 岁，克里克 36 岁，正好差了一轮。两位不同背景、不同国度、不同性格的科学家，在一起合作探讨，撞出了绚烂的灵感火花。

当时，DNA 结构研究有几个主要竞争者。鲍林，查加夫，以及英国伦敦国王学院的威尔金斯和富兰克林。

• 鲍林曾经发现了多肽链的螺旋结构，对生物大分子的结构非常熟悉。

◀ 莱纳斯 · 鲍林（1901—1994）

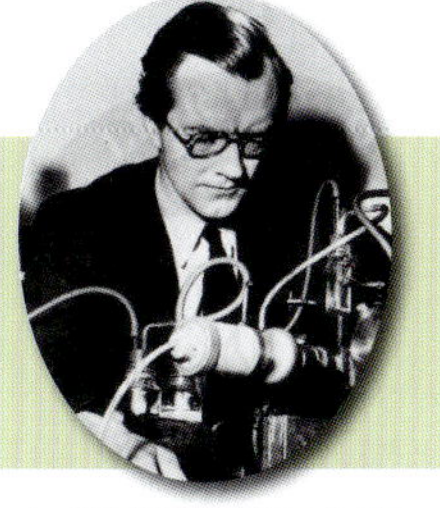

• 威尔金斯和富兰克林是 X 射线晶体衍射技术方面的大行家。

▲ 罗莎琳德 · 富兰克林（1920—1958）

▲ 莫里斯 · 威尔金斯（1916—2004）

这几个竞争对手都已经在这个方面做了大量的研究，有着丰富的经验和成果，照理应该捷足先登了，却不料花落“沃”家。

威尔金斯是克里克的好友（两位居然是同年出生、又是同年去世的），他向沃森和克里克分享了同事富兰克林拍下的 DNA 的 X 射线衍射照片。

这张照片明确地显示了 DNA 应该是对称的三维结构。实际上，富兰克林已经在未发表的论文中猜测这是一个螺旋结构。

科塞尔已经发现 DNA 有三个组成部分：糖、磷酸和碱基 A、C、G、T。

如果把“A=T”“G=C”“螺旋”“对称性”这几个关键词结合起来，是不是有点醍醐灌顶、豁然开朗的感觉?

沃森和克里克认为 DNA 分子结构应该是这样的：

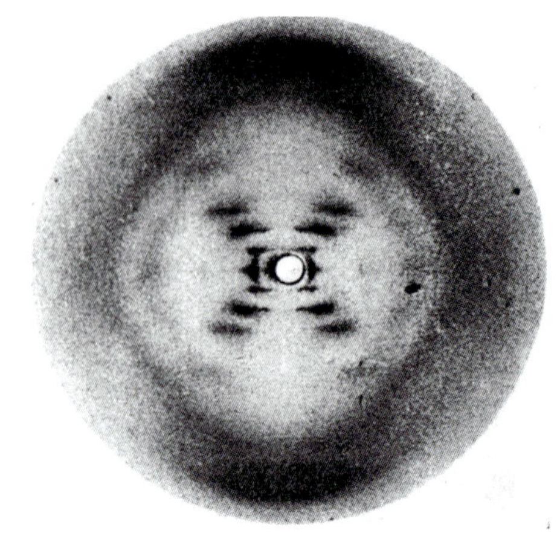

▲ 富兰克林拍摄的 DNA 晶体 X 射线衍射照片

一、碱基配对成横杆

A 与 T、G 与 C 怎么保持相等量的关系呢?

沃森认为 A 与 T、G 与 C 通过氢键成双配对：A 与 T 之间有两个氢键，G 与 C 之间有三个氢键。

这样一来，A 与 T、G 与 C 就是两对连体婴儿，有 A 的地方就有 T，有 T 的地方就有 A。G 与 C 也是如此。

查加夫通过实验得出 DNA 碱基存在“A 与 T 含量相等，G 与 C 含量相等”的规律，但并未对此给出合理解释。沃森提出的碱基配对原理圆满解释了这一现象。

二、核糖磷酸上下连，五岳三山双锁链

配对只是解决了碱基之间的连接问题。接下来就是糖和磷酸的连接问题。

实际上，莱文的“四核苷酸假说”并不是一无是处，他提到了糖和磷酸的连接方法：从形状上来说，就是“以剑指腰”。“举剑的手”是5’碳，“腰”是3’碳。这样就形成了糖－磷酸骨架。

根据化学键的原理，后来加入的核苷酸，用5’碳的“剑”指着前面核苷酸的3’碳“腰”，它们通过脱水缩合反应脱去一个水分子，形成磷酸二酯键。所以，DNA 中的糖－磷酸骨架是有方向性

胸腺嘧啶（T）
腺嘌呤（A）
糖－磷酸骨架
糖－磷酸骨架
胞嘧啶（C）
鸟嘌呤（G）
糖－磷酸骨架
糖－磷酸骨架

糖－磷酸骨架
碱基对
糖－磷酸骨架
P
S
A
T
C
G

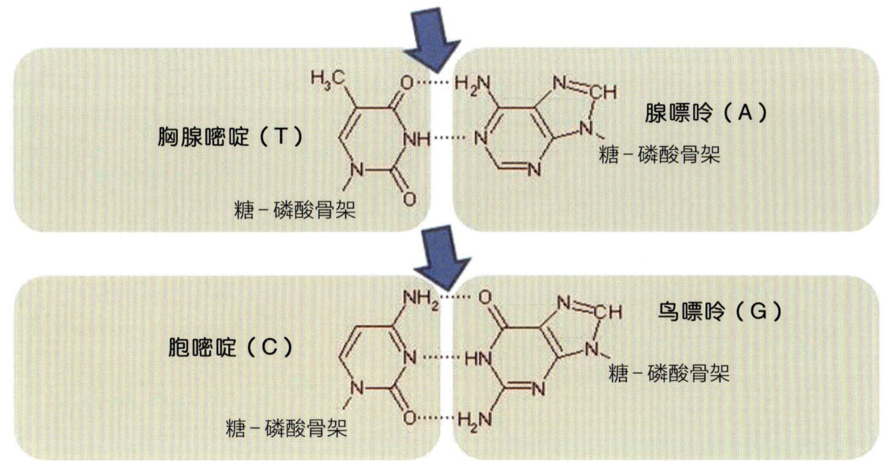

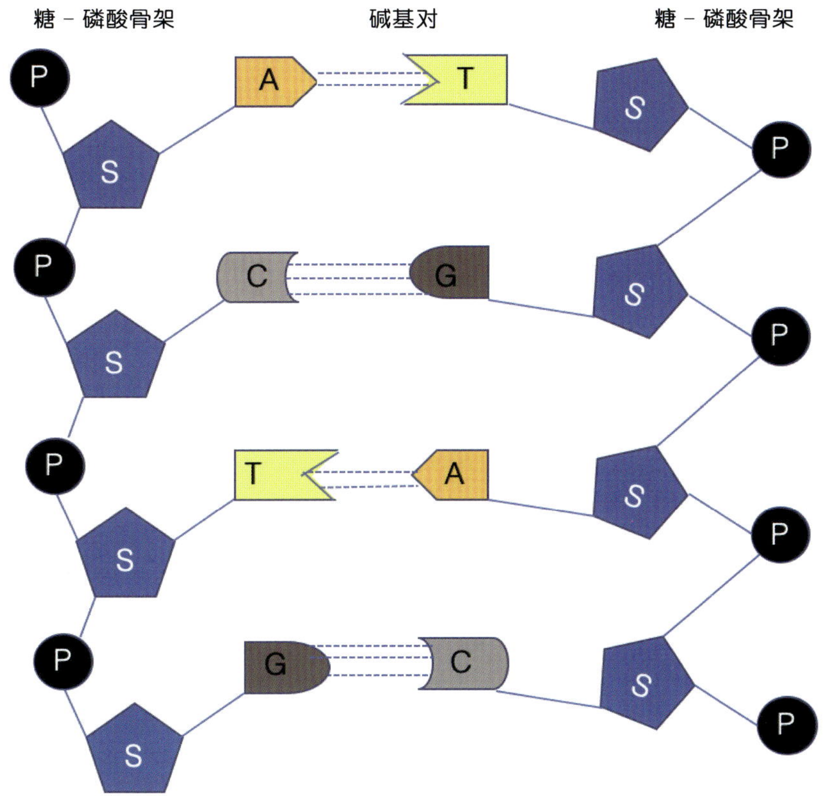

▲ 碱基通过化学键配对

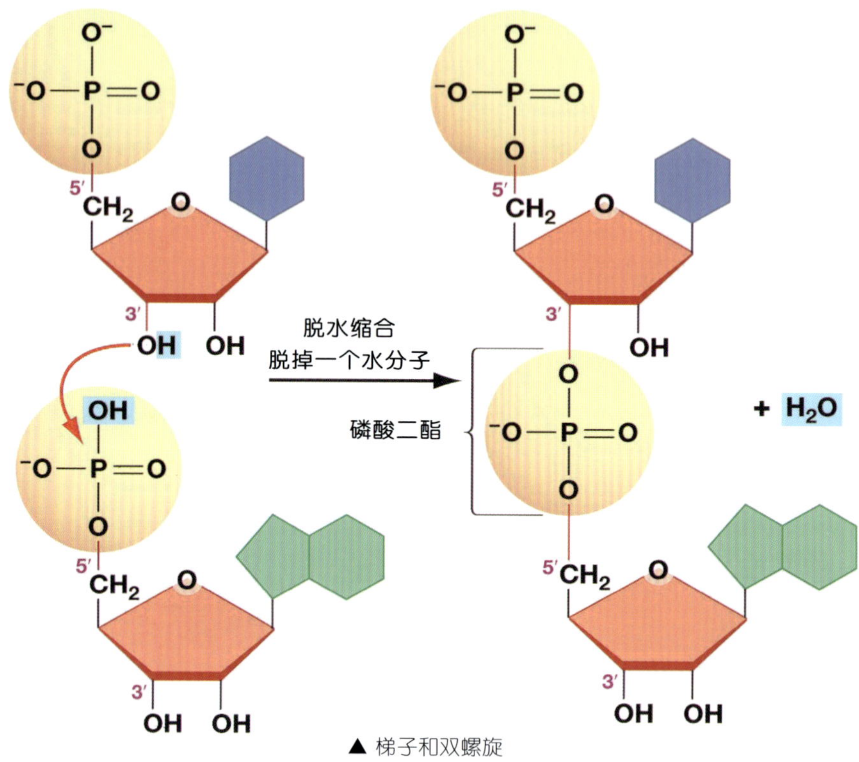

▲ 梯子和双螺旋

的，从5'到3'延伸。我们在之前说过核苷酸中的5'碳和3'碳很关键，这里需要再次提醒一下。

在碱基配对和糖－磷酸骨架的作用下，DNA就搭建起了梯子形状的结构：由两根长而粗的杆子做边，中间横穿适合攀爬的横杆。

三、转身盘绕出螺旋

然后，当“梯子”旋转起来，就有了对称性。他们还根据X射线衍射的图案，算出了“梯子”旋转上升的角度！

小结一下：“碱基配对成横杆，核糖磷酸上下连，五岳三山双锁链，转身盘绕出螺旋”。

这四句顺口溜就是沃森和克拉克DNA模型的要点：DNA是由两条方向相反的DNA单链构成、内部存在碱基配对（A与T，G与C）的双螺旋分子。

这个模型暗示着，碱基对的组合和次序就是密码，不同的组合和次序形成了不同的基因，成就了生命的多样性。

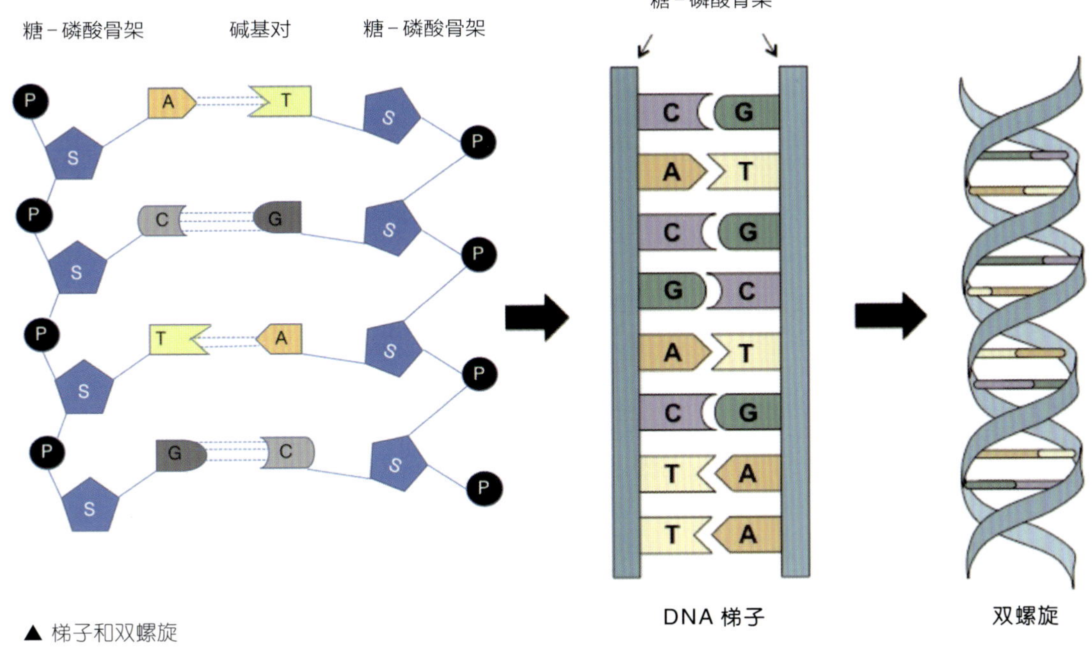

▲ 梯子和双螺旋

这里有一个插曲，沃森和克里克最早的一个模型是三股螺旋的，而鲍林的模型同样也是三股螺旋。沃森和克里克看到富兰克林的照片后，才意识到三股螺旋模型是错误的。

1953年4月25日，沃森和克里克的论文《核酸的分子结构——DNA的结构》在《自然》杂志发表，详细阐述了DNA双螺旋结构的意义和应用，即DNA依据碱基配对原则完成复制，从而解释了生命延续的稳定性之谜。

正文篇幅不足一页纸，却开启分子生物学的新时代。那年，沃森年仅25岁。

1962年，沃森、克里克和威尔金斯分享了诺贝尔生理学或医学奖，可惜那时富兰克林已经英年早逝。不过，在历史上还没有超过三位科学家分享科学类的诺贝尔奖，假设那时富兰克林还健在，不知道她能否被公正对待。

后来，沃森和克里克继续生物学的研究。沃森培养的学生和博士后中，有4位获得诺贝尔奖。克里克在意识的形成方面有开创性的研究。这些都是后话。

3

DNA 中的惊人数字

我们再来看看细胞核、染色体、DNA 和碱基对的关系。

人类绝大多数细胞的细胞核中，有 23 对染色体。

染色体像毛线团密密盘绕在一个蛋白质的线轴，把染色体拉伸开来，就是双股螺旋的 DNA。螺旋的旋梯横杆，就是碱基对。

大家别小看这个旋转楼梯。一个细胞中的 DNA 旋梯伸展开来，有大约 2 米长。人体大约有 37.2 万亿个细胞，所有这些细胞的 DNA 连起来有将近 75 万亿米！

这到底有多长?

我们来看地球到太阳多远，1.5 亿千米。

简单换算一下，你身体里的所有 DNA 螺旋接起来，可以从地球到太阳 250 个来回！你是不是没想到自己身上居然也有天文距离这样的尺度?

人体中的 23 对染色体长度不一，1 ~ 22 号染色体大致是以长度从长到短编号的，1 号最长，2 号次之。

每对染色体上的碱基数目不同。1 号染色体上有 2 亿多个碱基对，而男子的性染色体 Y 上只有 5000 多万个碱基对。

人类 DNA 中，总共约有 30 亿个碱基对。

那么，基因是什么? 基因就是染色体上带有遗传信息的一个片段，也就是某一个 DNA 的片段，它们和人体的某个性状相关。

23 对染色体上的基因数是不同的，长的染色体并不一定上面的基因数就多。比如，11 和 12 号染色体上的基因，就比 10 号染色体上的基因多，但它们的长度相近。

人类 DNA 中，约有 3 万个基因，分别控制了人体的各个性状，眼睛、鼻子、耳朵等，还有调皮的雀斑。

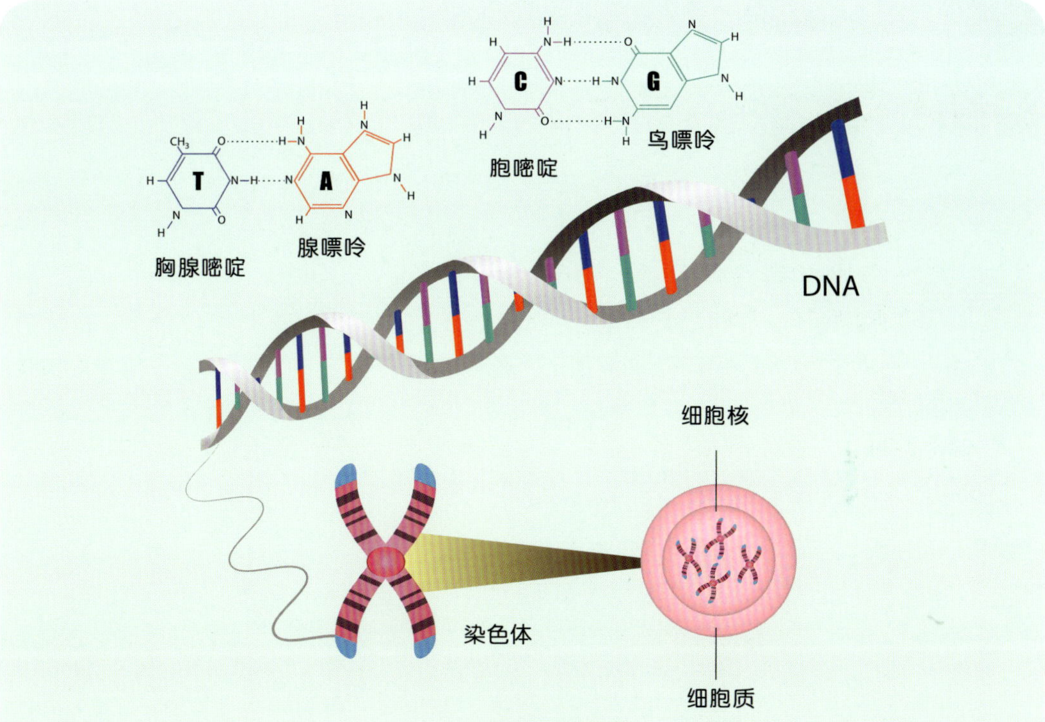

胸腺嘧啶

腺嘌呤

胞嘧啶

鸟嘌呤

DNA

细胞核

染色体

细胞质

▲ 从细胞到 DNA

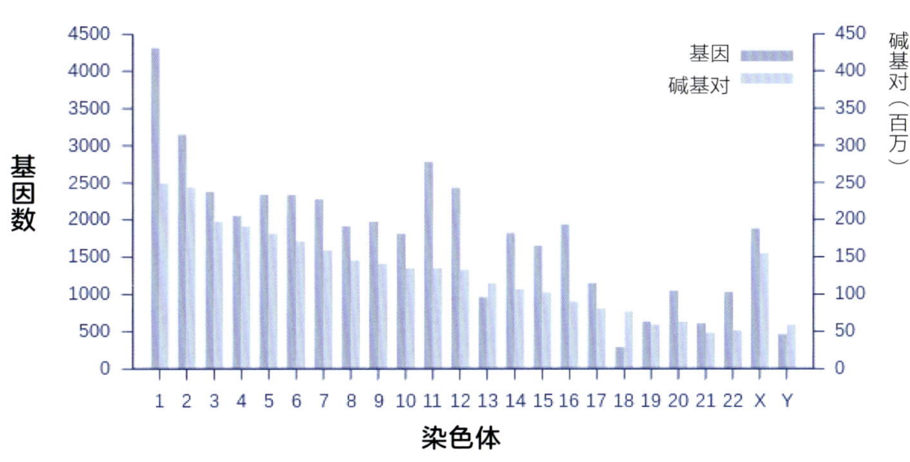

▲ 人体染色体上的基因数和碱基对数

成功的奥秘

沃森和克里克的成功具有天时、地利、人和。

他们开始研究的时候，DNA 已经被重视，DNA 比蛋白质更可能是遗传物质的观念正在慢慢形成。查加夫已经发表了 DNA 中碱基的等量关系。这是天时。

卡文迪许实验室有 X 射线晶体衍射技术的雄厚背景，而且，沃森和克里克在机缘巧合下看到了富兰克林拍摄的照片。鲍林和查加夫就是输在这条起跑线上，他们没有看到如此清晰的照片。

在性格上，沃森和克里克可说是两种类型。沃森不拘小节、为人随和，但是，他的笔记本却出奇地整洁有条理，上面还标有各种不同颜色的线条——这一点上，有当年法拉第的隔世真传。而克里克则衣着整洁时髦，骨子里透着一种贵族气质。尽管沃森和克里克是差别很大的一对搭档，但这并不妨碍他们之间形成默契。他们在办公室互相争论，在外出度假时闲聊，不停地探讨 DNA 的结构，灵感飞溅，一步步接近真理。他俩正像 DNA 链中的互补碱基一样，这就是人和。而相反地，威尔金斯和富兰克林这两位同事却相处得不是很好。

从某种角度来看，沃森和克里克十分懂得把握机遇。他们没有做实验，没有拍摄到清晰的 X 射线晶体衍射照片，而是利用别人已提供的线索，在最短的时间内求得了真理。这一点和大多数成功的生物学家不同。小布拉格曾戏称沃森和克里克是“站在巨人的脚趾上”——因为赶时间，来不及站到肩膀上！鲍林、查加夫和富兰克林一定觉得脚疼啊。

沃森和克里克能够登上成功的旋梯，凭借的是一种难得的集大成的能力、天才的想象力和绝世的运气。

“DNA 和 RNA 至少已经存在了几十亿年，双螺旋始终在积极活动，但人类却是地球上第一个注意到它们存在的生物”。而真正第一个对全世界说“看呐，这是个双螺旋”的人，是沃森和克里克。

从某种意义来说，沃森和克里克发现双螺旋的DNA结构，其重要性不亚于神话中的普罗米修斯给人类带来火种、燧人氏发现钻木取火。

我们现在评价：“火是一切发现中最伟大的发现，是区分人类与地球上其他生物的重要标志，它使人类能够生存于不同的气候中，烹制众多的食物并利用自然资源为人们工作。”

未来或许会说：“DNA是一切发现中最伟大的发现，是人类与星际其他生命区分的重要标志，它使人类能够摆脱被动的遗传变异，主动地参与并掌控生命的创造、生存和演化。”

DNA 的 X 射线衍射结果与双螺旋模型

衍射图案

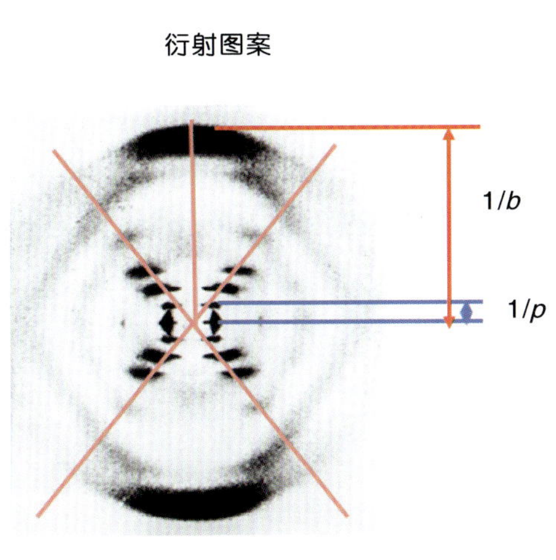

p= 螺旋一圈的距离
b= 碱基对间距
θ= 螺旋上升角度

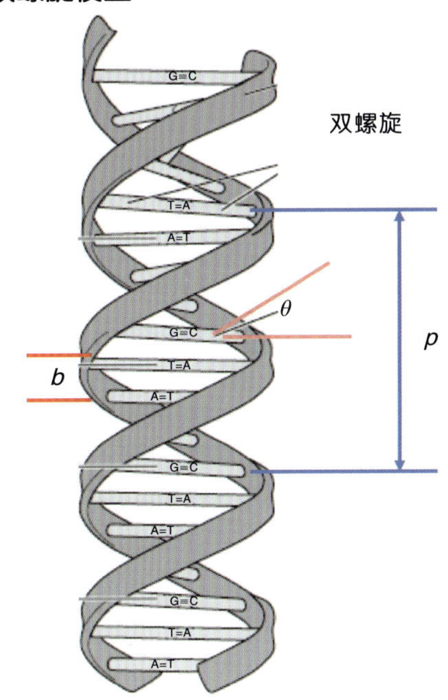

双螺旋的一些几何参数

衍射图案中类似于字母 x 的图案，是螺旋造成的。衍射图案中的几何参数 1/*b*、1/*p* 和 *θ*，和螺旋中的几何尺寸有对应关系。他们算出螺旋一圈的距离 *p*，约为 3.4 纳米。碱基对的间距 *b* 为 0.34 纳米，一圈螺旋约有 10 个碱基对。

科学家 查加夫、沃森、克里克

模式生物 无

硬核知识

1. 碱基 A 与 T 之间，G 与 C 之间通过氢键配对，从而保持双股螺旋的稳定。
2. 糖 - 磷酸骨架通过磷酸二酯键连接，是有方向性的。

顺口溜

1. 碱基相等进车库，蜗牛爬上苹果树，踏破铁鞋无觅处，得来全靠查加夫。
2. 碱基配对成横杆，核糖磷酸上下连，五岳三山双锁链，转身盘绕出螺旋。

思考题 请理清碱基对→ DNA →基因→染色体的关系。

《云梯》

欲建一架生命之梯，
以磷酸、碱基和糖为材质。
非木，比木更具生机，
非金，比金更坚韧、柔软。

化学键凿出卯榫，环环相扣，拆装如意。
碱基配对，横杆手挽手相连。
磷酸与糖构成梯框，层层向上，
在尘世间盘旋，扭转，
将四周风景看遍。

云梯既已搭起，
你可愿意一起登上幽州台，
去见古人，去见来者，
去见演化的歧路上，来往的辙痕，
和所有的聚散。

来处和去处的秘密，
是否都在云端？

第 10 讲

君不见
黄河之水天上来

我 们 发 现 了

生 命 的 秘 密 。

◉ **弗朗西斯·克里克**

法则服不服

古希腊的大哲学家苏格拉底曾有千年之问：

我是谁？从哪里来？到哪里去？

在发现了 DNA 分子的双螺旋结构之后，克里克一直在思考相似的问题：既然 DNA 中包含的是遗传信息，那么，这些信息从哪里来？到哪里去？是怎么流动的？是怎么参与到生物的繁殖的？怎么控制你成长，成为“你”，比如让你的脸上长出那个醉人的酒窝？

1957 年，他根据当时已有的遗传学实验结果和知识，提出了关于遗传信息流动的一个理论，并称之为“中心法则”（central dogma）。Dogma 这个词是绝对正确、毫无争议的教条的意思，克里克用这个词有点托大了，他的理论在当时更多的是一种假设和猜想。

当然，中心法则在遗传学上的地位是非常崇高的，它指出了遗传信息流动的方向，对后来的遗

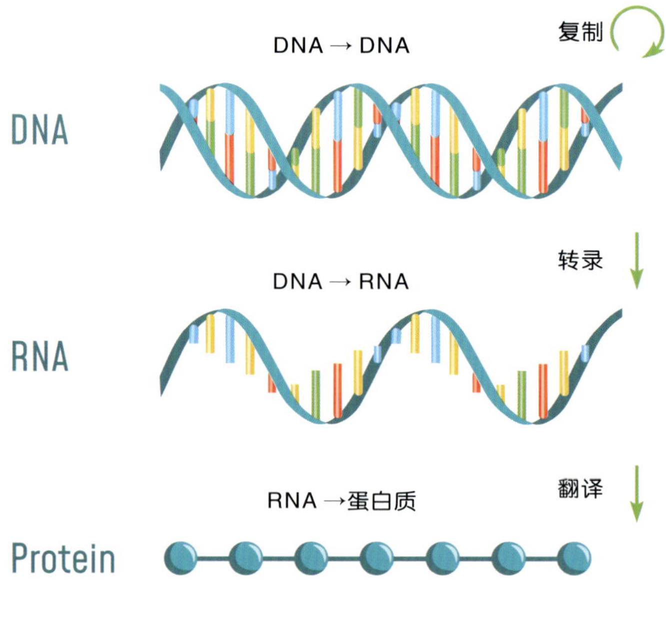

▲ 最初的中心法则（1957 年）

传学研究具有非常重大的指导意义。

武林至尊，双旋掌控。法则不出，谁与争锋？

信息的流向

一、遗传信息的第一个流向是从 DNA 到 DNA，这就是 DNA 的复制。

在细胞分裂过程中，细胞核里的 DNA 分子结构，从一个双螺旋复制出两个双螺旋。克里克和沃森推断，双螺旋的复制过程是这样的：

首先，DNA 的双螺旋解开，成为两个单螺旋的母链，然后，细胞根据碱基配对原则，生成另一个单螺旋子链，母链和子链结合起来，新旧搭配，组成两个双螺旋——用通俗的说法就是，梯子从中间截开，然后，两个半截梯子各自修补另一半，变成两个梯子。

复制的具体过程，我们有一讲专门介绍。简单来讲就是：旋梯解开分两半，各自复制不须归。

DNA 是非常大的分子结构，细胞核没有足够大的孔洞允许它从中出来。那么，细胞核外有关遗传的活动是怎么获得遗传信息的呢？

二、遗传信息的第二个流向是从 DNA 到 RNA。

在核酸研究中，我们已经知道有脱氧核糖核酸（DNA）和核糖核酸（RNA）。克里克猜想，RNA 在其中扮演了传递信息的角色。

DNA 和 RNA 相比，有三个不同之处。

第一，DNA 是长的双链，RNA 一般是短的单链（也存在双链 RNA 病毒）。

第二，RNA 在核糖的 2’的位置上有一个氧原子，而 DNA 在这个位置上的氧原子已经丢掉了，去氧化了。

第三，DNA 中和腺嘌呤配对的是胸腺嘧啶，而 RNA 中和腺嘌呤配对的是尿嘧啶。

因为这三个原因，RNA 相对来说不够稳定。但是，即使不够稳定，也是相对生命时间而言，在

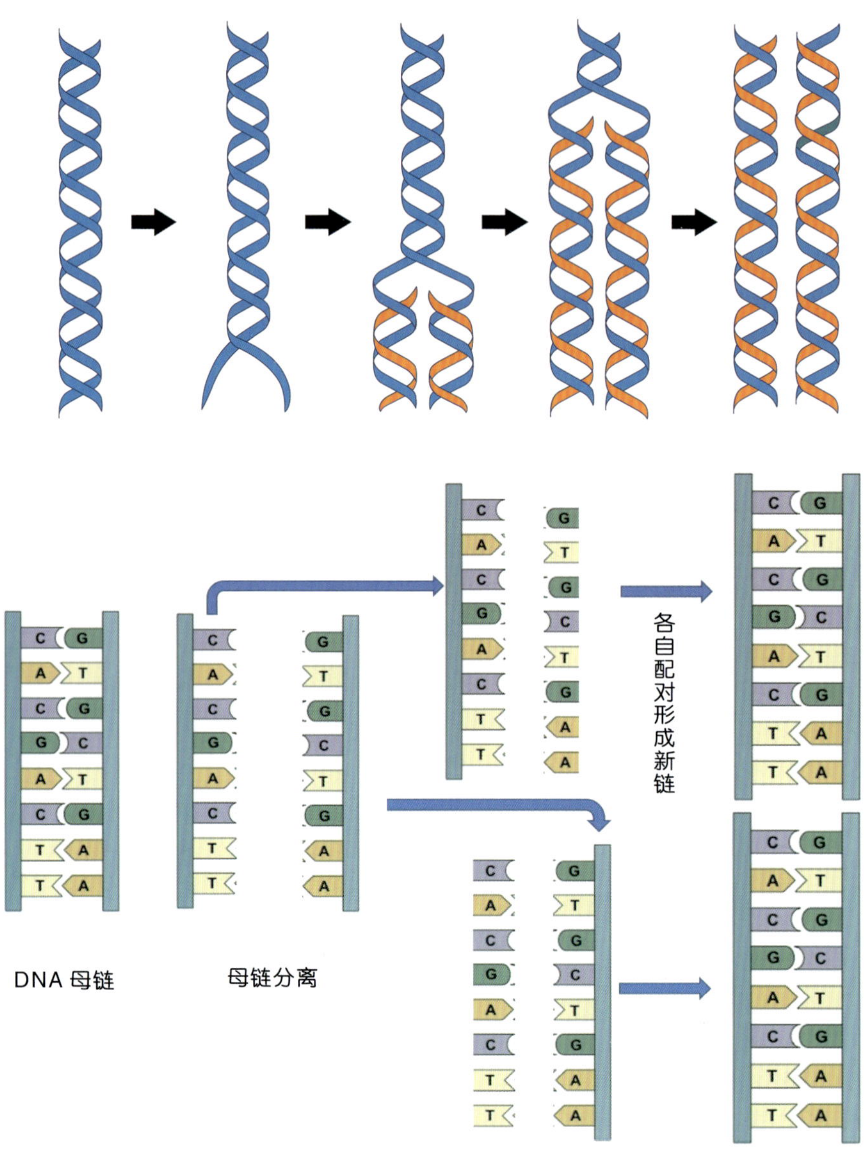

▲ DNA 的复制

短时间内传递信息还是绰绰有余的。这就是中心法则所描述的遗传信息的第二个流向：从 DNA 到 RNA 的转录。

小结起来就是：一双长链守孤城，转录单链出重围。

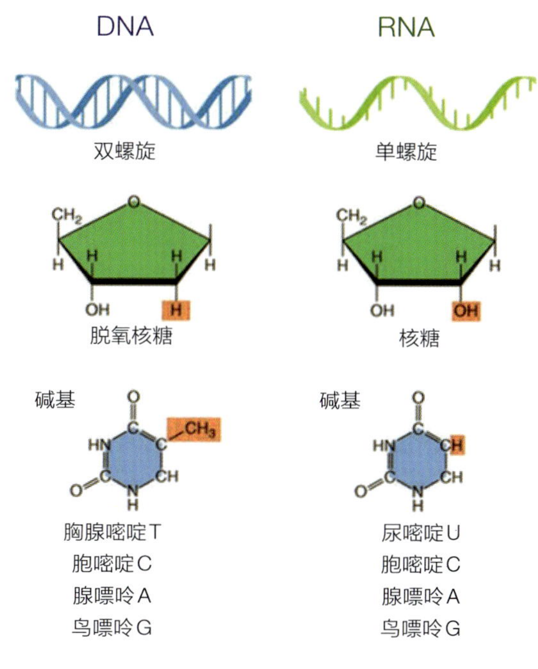

▲ DNA 和 RNA 比较

三、中心法则的第三个信息流向是从 RNA 到蛋白质。

克里克的这个推断源于 20 世纪 40 年代的一个发现。

1941 年，斯坦福大学生物学教授比德尔和塔特姆教授一起研究面包红霉菌的营养问题。

他们选择面包红霉菌，是因为它具有短暂的生命周期。

他们准备了两种培养基。

- **基本培养基**：包含糖、盐和多种维生素。
- **完全培养基**：包含糖、盐、多种维生素以及氨基酸。

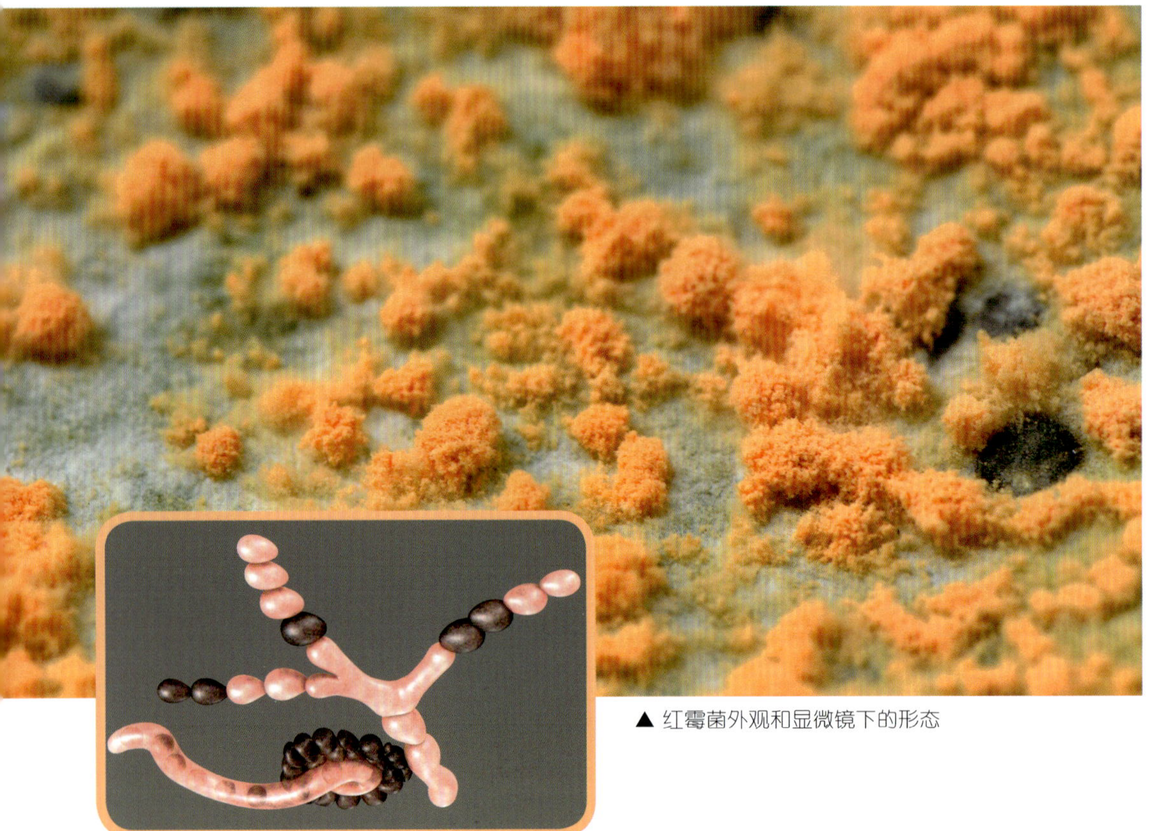

▲ 红霉菌外观和显微镜下的形态

正常的红霉菌可以在两种培养基上生长。它们是属于“给点阳光就灿烂”的群落，欢快地唱着：来啊，快活啊，反正有大把时光。

然后，他们将红霉菌孢子暴露于辐射（X 射线、UV 或中子），使其基因发生突变。要知道比德尔曾经在摩尔根的果蝇实验室工作过，对于 X 射线造成基因突变的威力是深有体会的。

他们发现发生基因突变的红霉菌，通常还能在完全培养基上快活生长，但是，在基本培养基上活不下来。

接下来就是他们的“尤利卡”时刻了。

他们在基本培养基上尝试加入不同的氨基酸。最后发现只要加入某一种特定的氨基酸，这种红霉菌就能活下来。

很显然，这个突变体中某个特定氨基酸的代谢途径被“破坏”了，产生不了这种氨基酸。

X 射线造成的基因突变是随机的，有的菌被破坏了氨基酸 A 的代谢途径，有的菌被破坏了氨基酸 B 的代谢途径，有的菌则被破坏了氨基酸 C 的代谢途径。

他们的工作在遗传学研究上掀起了一场革命，表明单个基因确实与特定的酶有关。这就是“一种基因一种酶”假说。

▲ 乔治·韦尔斯·比德尔（1903—1989）和爱德华·弗里·塔特姆（1909—1975）

由于他们的开创性工作，比德尔、塔特姆与莱德伯格分享了 1958 年的诺贝尔生理学或医学奖。

这就是：一种基因一种酶，一生一世不后悔。

克里克根据“一种基因一种酶”的假说，推断出遗传信息从 RNA 到蛋白质（酶）的流向。再根据桑格的氨基酸序列决定蛋白质的发现，大胆猜测基因的序列决定了氨基酸的序列，也就是蛋白质的种类！这个过程称为翻译。

3

【挑战阅读】：

法则之外的补充

从 DNA 复制，到 DNA 转录到 RNA，再由 RNA 翻译成蛋白质（氨基酸），这便是克里克最初的中心法则所定义的遗传信息流向。这三个词在英文里相当地押韵：replication, transcription, translation。

replication transcription translation

随着分子生物学研究的深入，科学家发现了其他的遗传信息流向，中心法则的内容有了新的发展。

1. 收集样本

2. 提取 RNA

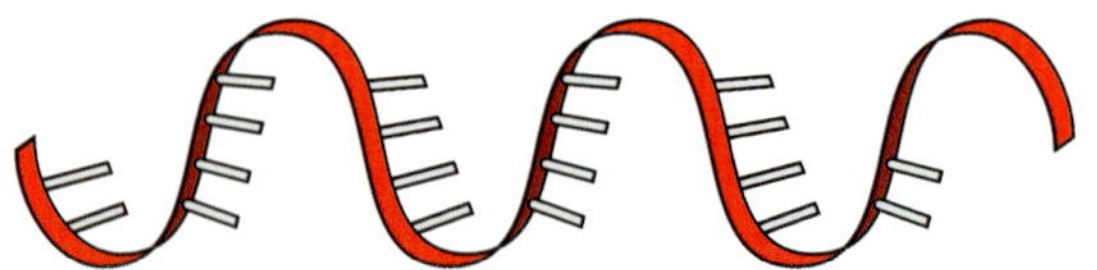

3. 逆转录

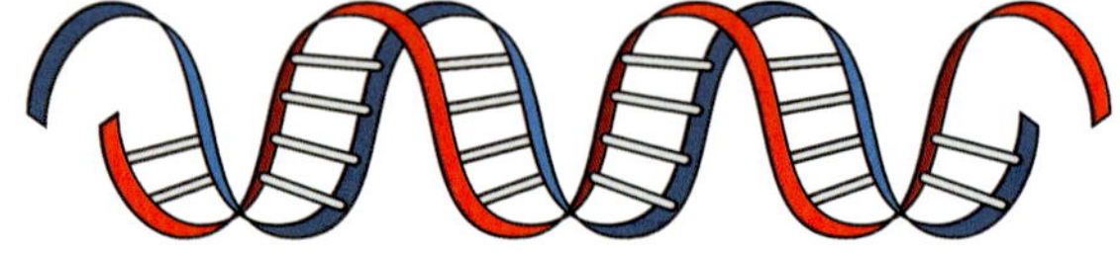

4. 聚合酶链式反应（PCR）是一种用于大量扩增特定 DNA 片段的分子生物学技术，它可看作是生物体外的特殊 DNA 复制方法，PCR 的最大特点是能使微量的 DNA 片段大幅增加。

▲ 逆转录和核酸检测

一、RNA 到 RNA 复制

很多 RNA 病毒，如脊髓灰质炎病毒、新型冠状病毒，在感染宿主细胞后，以 RNA 为模板进行 RNA 复制。相比 DNA，RNA 灵巧多变，复制更快，变异也更快。

这是流感和新冠病毒最可怕的地方。它们利用寄主细胞的各种材料，大量复制自己，将细胞洗劫一空，然后扬长而去，只留下被破坏甚至杀死的细胞。

二、逆转录：信息从 RNA 到 DNA

克里克最初认为遗传信息在不同的大分子之间的转移都是单向的，从 DNA 到 RNA，是不可逆的。1970 年，科学家发现一些 RNA 病毒，先以病毒的 RNA 分子为模板，逆转录合成一个 DNA 分子，再以 DNA 分子为模板，合成新的病毒 RNA。

这说明遗传信息并不一定从 DNA 单向地流向 RNA，RNA 携带的遗传信息同样也可以流向 DNA。

我们用于检测新冠病毒的“核酸检测”，其中就有从体液中提取 RNA，再合成 DNA 以进行检测的过程。如果体液中有病毒 RNA，我们就能通过这种技术检测到。

- DNA → DNA（DNA 复制）
- DNA → RNA（转录）
- RNA 到蛋白质（翻译）
- RNA → RNA（RNA 复制）
- RNA → DNA（逆转录）

因为这些新的发现，克里克在 1970 年提出了更为完整的中心法则。

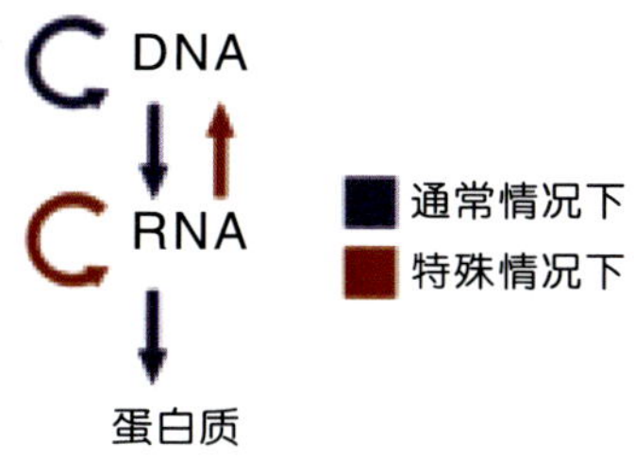

▲ 补充修改的中心法则（1970）

但是，克里克认为 DNA 和 RNA 中包含的遗传信息只能单向地流向蛋白质，遗传信息一旦转移到蛋白质之后，就不能再从蛋白质转移给其他蛋白质，或由蛋白质转向 DNA 或 RNA。迄今还没有发现蛋白质信息能够逆向地流向核酸的案例。这种遗传信息的流向，就是克里克概括的中心法则的遗传学意义。

不过，这一点在近年来被不断挑战。挑战者是朊病毒（prion）。

如果你觉得朊病毒听起来比较陌生，那么你大概听说过疯牛病吧？疯牛病就是由一种朊病毒引起的。

“朊”，本意是“蛋白质”。严格来说，朊病毒算不上传统定义的“病毒”，因为它不含有具备自我复制能力和传染性的核酸物质。它仅仅是蛋白质家族的一个异类，是一种出现了错误折叠的蛋白质。如果把正常的蛋白质看作是建造高楼搭建的脚手架，那么朊病毒就是搭歪了的脚手架。可

朊病毒

人体神经系统含有丰富的朊蛋白 PrP^{c}，而朊病毒蛋白 PrP^{sc} 与正常的 PrP^{c} 蛋白分子的氨基酸序列完全相同，所以，免疫系统无法识别 PrP^{sc}。氨基酸序列并不能体现蛋白质特性，只有蛋白质的二级、三级或四级结构才能体现。朊病毒 PrP^{sc} 分子结构在折叠为二级结构时出了问题。朊病毒困扰人类长达数百年甚至更久，但目前人们除了了解其为蛋白质，暂无技术性突破，感染朊病毒的患者死亡率依然是 100%。

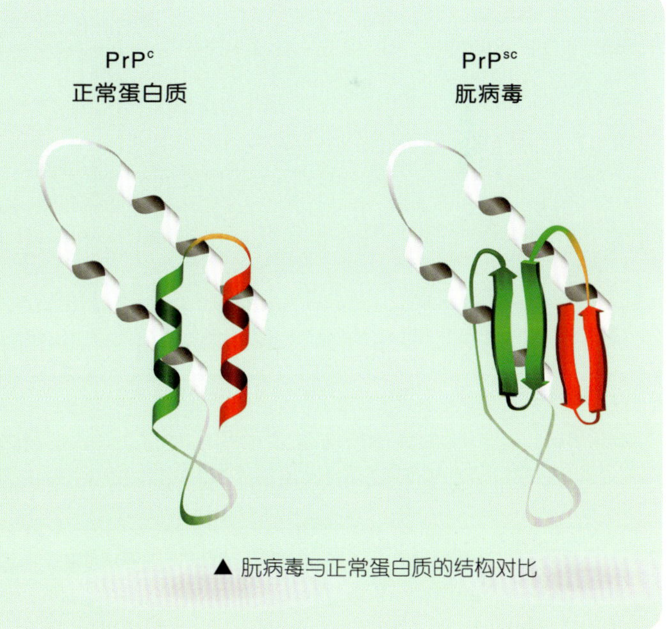

▲ 朊病毒与正常蛋白质的结构对比

怕的是，这个搭歪的脚手架会把周围原本方方正正的脚手架拉歪，被拉歪的脚手架会继续拉歪其他脚手架。

朊病毒“蛋白质→蛋白质”过程，在一定程度上与中心法则的“信息不能从蛋白质转移到蛋白质”发生冲突。

不过，整个过程中朊病毒并没有创造新的蛋白质，而仅仅是使蛋白质异化从而实现信息传递。从某种角度来说，朊病毒可以作为一个特例补充，进一步完善中心法则内容。

将进酒和信息流

看清了洋流的走向，就能探索海洋气候变化和生物迁徙的秘密。

看清了货币流通的来源和去向，就可以解析金融起伏和经济荣衰的规律。

在克里克提出中心法则的时候，他只是了解 DNA 的分子结构，并隐约知道基因与蛋白质之间的关系。但是，当时的遗传学界对于整个法则的理解是不够深入的。克里克的中心法则具有高瞻远瞩的意义。之后的六十多年，人们才慢慢理清了遗传信息流动的方向。我们将在后面三讲中详细介绍其中的内容。

我们可以用现在流行的符号“@”，来表达这个遗传信息流动的过程。“@”谁就是和谁有话说，有信息传递给它。

DNA@DNA：

来啊，复制啊，反正有大把时光！

DNA@RNA：

来啊，转录啊，核里核外快递忙！

RNA@RNA：

来啊，病毒也要复制啊。

RNA@DNA：

来啊，病毒也要逆袭啊。

RNA@ 蛋白质：

来啊，翻译啊，氨基酸味道真好。

蛋白质 @ 蛋白质：

快跑啊，疯牛来了！

中心法则是不是仍有局限？我们在未来会不会发现有不遵循中心法则的生物现象？这些都是有趣的问题，等待未来的科学家来解答。

借用李白的《将进酒》：君不见黄河之水天上来，奔流到海不复回。对于中心法则而言，君不见遗传信息 DNA 中来，辗转到蛋白质不复返。这个信息流转的途中，还有 DNA 复制、RNA 复制、朊病毒信息传递这样在原地的“漩涡”，更有从 RNA 到 DNA 逆转录这样反向的回流。生命的精彩和壮阔，如黄河之水奔流不息。

从远古到今天，从一颗受精卵到现在的你，每一分每一秒，遗传的信息在流转，在复制，在转录，在翻译，虽然你看不到，但是生命知道。

遗传信息 DNA 中来。那么，DNA 又是从哪里来的？几十亿年之前最早的 DNA 来自哪里？是来自天上？还是来自海里？ DNA 最终的归宿在哪里？是在茫茫宇宙的空间深处，那些未知的星球上吗？

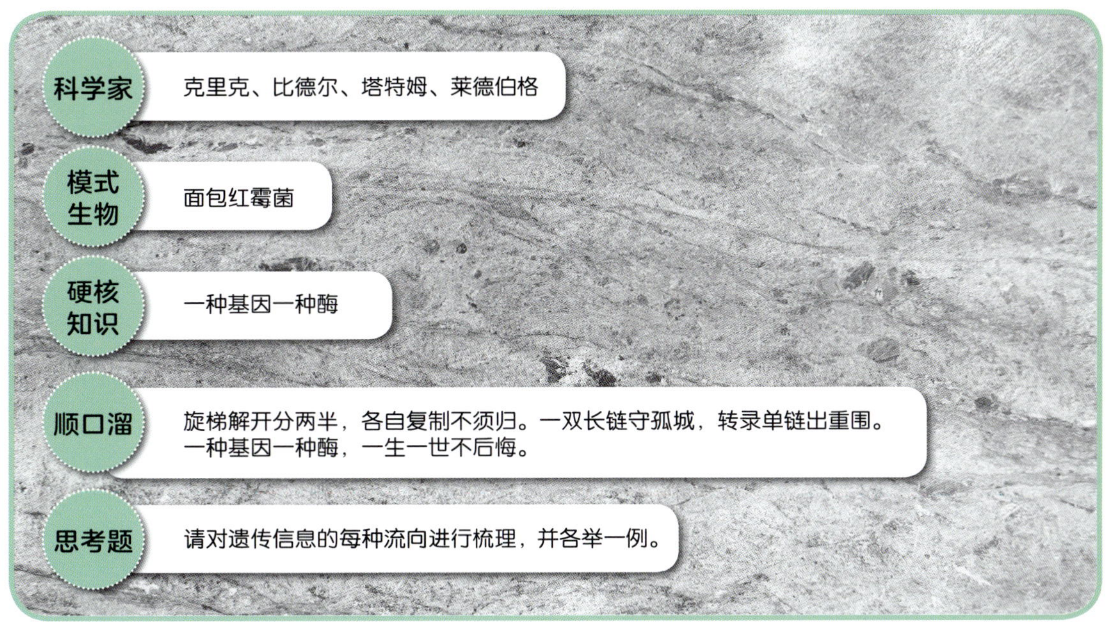

《信息流》

君不见遗传信息 DNA 中来，
辗转到蛋白质不复返。
君不见核中云梯层层起，
旋转乾坤色尽染。

复制双链先解旋，碱基配对欲成全。
节节转录为信使，南风飘然出核来。
水袖单链虽纤柔，一招一式舞分明。
密码子，氨基酸，核糖体，且莫停。
与君译一曲，请君为我倾耳听。

中心法则立甲子，与时俱进到如今。
惊见秋水可逆转，核酸检测霍去病。
秋风流感戴新冠，变异无穷年年新。
蛋白何时错折叠，朊来朊去徒筹谋。

克里克，君知否，
幽州台旁水悠悠，
万古之后可逆流？

第11讲

化身千亿

DNA为了解人类，

打开了更加神秘的大门：

我们所有的祖先

都生活在我们每个人体内，

无论我们是否意识到这一点。

◉ 劳伦斯·奥维默

1

三种变身术

一个成年人体内有将近37.2万亿个细胞，它们是从最初的一个受精卵细胞不停分裂生长出来的。

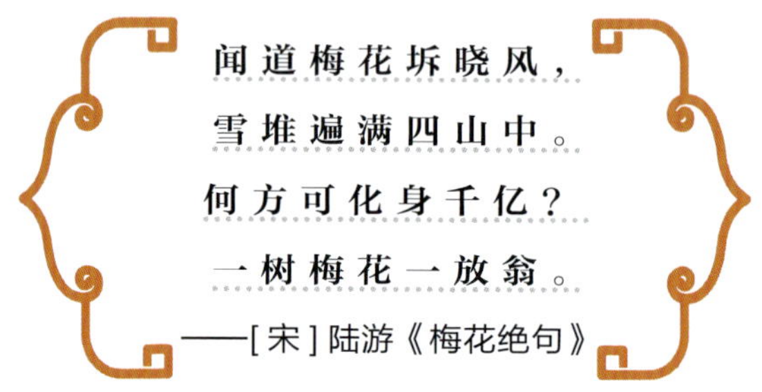

而这些细胞大多有一模一样的23对染色体。那么，人的细胞分裂过程中，这些染色体是怎么复制的呢？

1953年，沃森和克里克发表了关于DNA分子结构的著名论文，指出遗传所需的物质基础，就藏在DNA双螺旋结构中。那么，问题就来了：

这个双螺旋结构是怎么在细胞分裂过程中被复制的呢？

当时的科学家有几种猜想。

第一种是全保留复制：把DNA结构想象成铁轨，复制的过程类似在旧铁轨旁边依样画葫芦，复制一个一模一样的铁轨，新旧互不干扰。全保留的意思是指原始的DNA被全部保留，在复制过程中不发生改变。这似乎很符合现实生活中的例子。但是，沃森和克里克认为，DNA双螺旋结构是通过化学键连接起来的，有无数种碱基连接的可能情况，让分子们自己按照这种模式来复制一个结构，难度非常大，几乎不可能。

沃森和克里克提出的是第二种猜想，叫半保留复制：把铁轨从中扒开，这样每半边的轨道都带了碱基的排列次序（遗传信息）。然后，被扒开的轨道两边各自按照碱基互补匹配原则，生成一条半新半旧的铁轨。半保留的意思是指原始的螺旋被拆解，但其中一半结构和信息被保留了下来。

但是也有很多人并不认同半保留复制的构想，因为DNA的双螺旋结构很稳定牢固，怎么能扒开呢？

这就有了第三种猜想，就是分散模式，把轨道切割成一段段，每个片段复制，然后再拼凑成新旧交替的两条轨道。

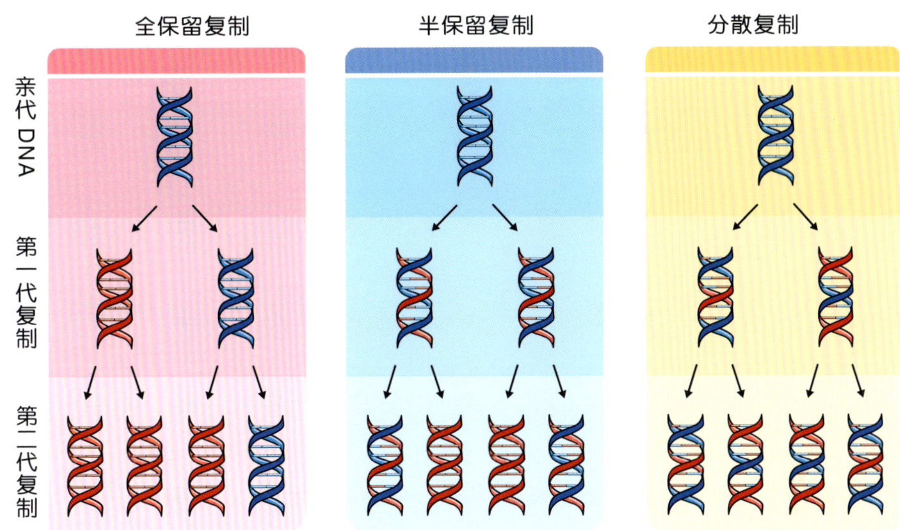

▲ DNA 复制的三种猜想示意图：全保留复制、半保留复制和分散复制

2

生物学上最漂亮的实验之一

在当时，因为技术手段的限制，科学家无法在分子级别作直接的观察。DNA 究竟如何复制也就成了生物界的一个疑难悬案。而解开这个悬案的，是两位不到三十岁的在校研究生，梅塞尔森和斯塔尔。1958 年完成实验的时候，梅塞尔森 28 岁，斯塔尔 29 岁，都是加州理工学院的学生，师从化学大师鲍林，一个在读博士，一个在做博士后。以他们的名字命名的梅塞尔森－斯塔尔实验，被誉为“生物学中最漂亮的实验”。

▶ 马修 · 梅塞尔森（1930 年—　）

梅塞尔森和斯塔尔认为，虽然无法直接观察到复制的过程，但是可以观察到复制的结果。如果能通过巧妙设计，让亲代和后代的 DNA 呈现不同的物理特性（如密度），就可以判断哪一种猜想是对的。

比如，如果让亲代的 DNA 变重，让后代的 DNA 变轻，那么，这三种猜想中的第一代 F1 和第二代 F2 会显示出不同的物理特性。

灵感和思路有了，接下来就是实验了。

他们选用了大肠杆菌来进行实验。大肠杆菌每过 15 ~ 20 分钟就能繁殖一代，而且容易培养，非常适合用来进行遗传学方面的实验。

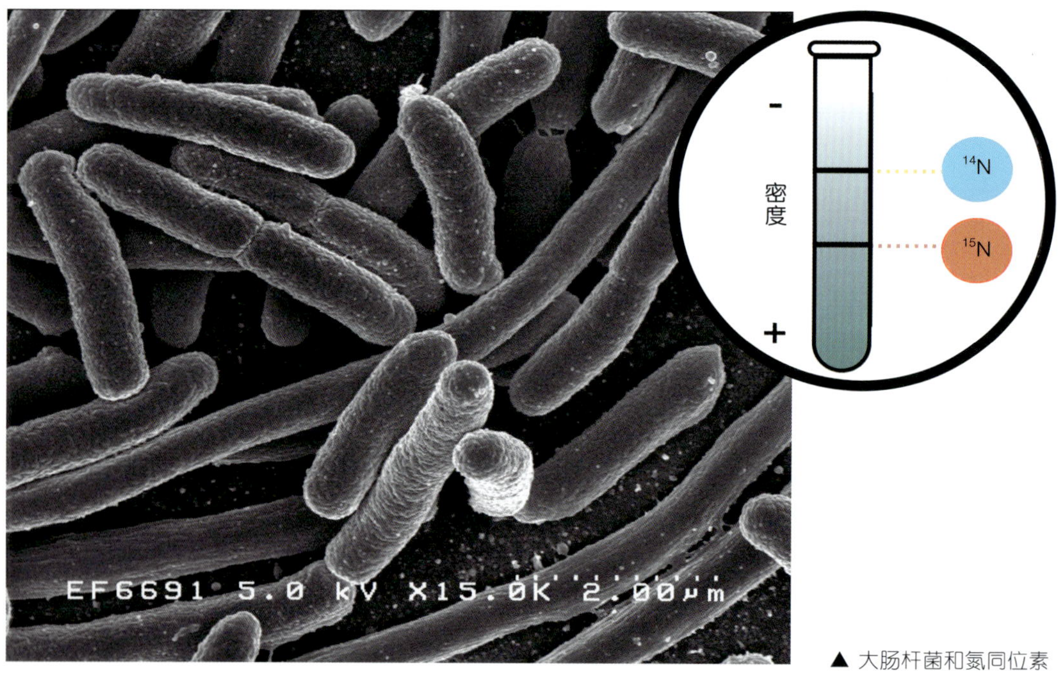

▲ 大肠杆菌和氮同位素

那么，怎么让亲代的 DNA“增肥”、子代的 DNA“减肥”呢?

他们想出了巧妙的方法：同位素。氮（N）是 DNA 中必需的重要元素，同时也有两种同位素 ^{14}N 和 ^{15}N，^{15}N 比 ^{14}N 多了一个中子，密度要高一点。

他们让大肠杆菌在含有 ^{15}N 的培养基中生长一段时间，确保所有大肠杆菌中所含的氮元素都是 ^{15}N，相当于让它们都吃上一颗“增肥丸”。这样，亲代的大肠杆菌都是“胖墩儿”。

然后，把大肠杆菌放进含有 ^{14}N 的培养基中。接下来，所有子代大肠杆菌中新复制的 DNA 中的氮元素都是 ^{14}N 了，不再增肥了。

增肥不增肥，全靠同位素。

接下来，把装有大肠杆菌的试管放置到一个旋转的离心装置（想象成滚筒洗衣机），旋转之后，重者下沉轻者上浮，将不同“体重”的大肠杆菌分开。

根据半保留复制模型猜想，我们应该可以观察到这样的结果：

- 一开始是一根粗的条带，对应在密度高的位置（^{15}N）；
- 20 分钟后，新的一代繁殖。离心管里仍是一根粗条带，但是位置上浮。这是因为第一代 F1 的 DNA 中同时含有 ^{15}N 和 ^{14}N，身子的半边是“胖墩儿”，半边正常。
- 40 分钟后，又繁殖到第二代 F2。离心管里有两根同样粗细的条带，其中一根在第一代的位置，另一根的位置继续上浮，里面全部是 ^{14}N 的“苗条身材”。
- 60 分钟后；两根条带的位置不变，但上面的变粗（75%），下面的变细（25%）。

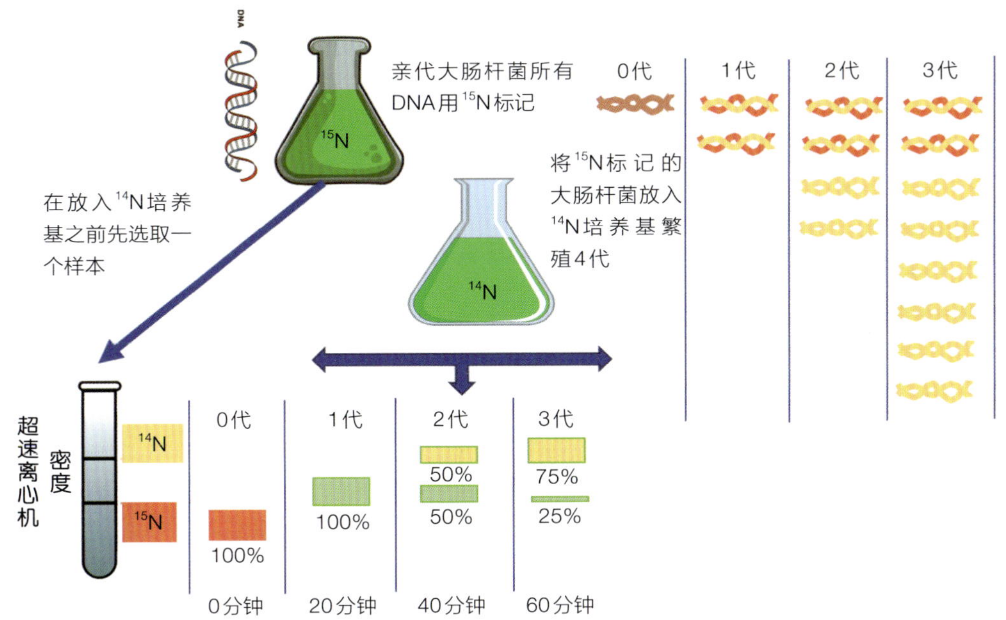

▲ 梅塞尔森 – 斯塔尔实验和半保留复制猜想的示意图

“半保留减肥法”小结起来就是：新生代 DNA 都是很瘦，却总有一些 DNA 半肥半瘦。

如果是全保留复制模型，情况又会变成什么样呢？我们应该可以观察到这样的结果：

- 一开始是一根粗的条带，对应在密度高的位置（^{15}N）；
- 20 分钟后，分成两根同样粗细的条带，其中一根在原位置，另一根上浮到密度小的位置（^{14}N）；
- 40 分钟后，两根条带的位置不变，但上面的变粗（75%），下面的变细（25%）；
- 60 分钟后，两根条带的位置不变，但上面的更粗（87.5%），下面的更细（12.5%）。

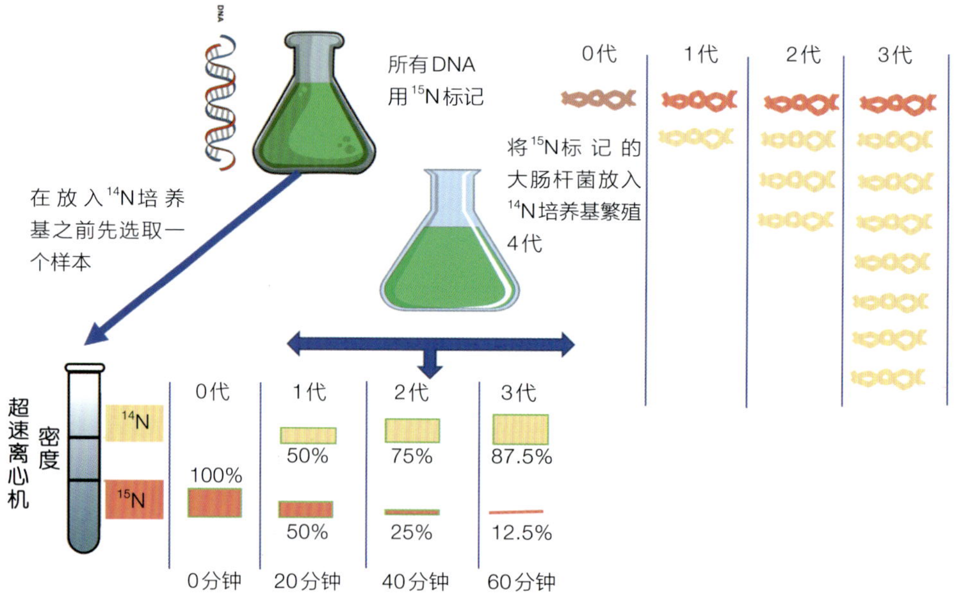

▲ 梅塞尔森 - 斯塔尔实验和全保留复制猜想的示意图

“全保留减肥法”小结起来就是：肥者恒肥，新者恒瘦。一开始的那个胖墩，始终拒绝减肥，要做一个特立独行的“胖墩儿”。

关于分散猜想和图示，我们就略过不提，读者有兴趣可以自己绘制。

实验结果证明了半保留复制猜想是正确的：确实是把轨道拆开，各自复制一半再组装的。

必须承认，实验是美丽的，但是，大肠杆菌们的经历却是不太愉悦的，先被迫增肥，再强制减肥，最后上离心器转个天翻地覆、翻肠搅肚。谁也招架不住这样的折腾啊。

【挑战阅读】：

复制的高阶细节

DNA 分子为复制提供了精确的模板，通过碱基互补配对，保证了复制能够准确地进行。

但双链 DNA 是如何解链、如何进行复制和如何保证序列不变的呢？这个过程里面发生了很复杂很精密的生物化学反应。

DNA 在复制的过程中，是一边解开螺旋、一边复制的。

DNA 分子在解旋酶的作用下，把两条螺旋结构的双链解开，这个过程叫做解旋。

然后，将解开的每一段母链作为模板，“召唤”周围环境中游离的四种脱氧核苷酸。按照碱基互补配对原则，在酶的作用下，合成与两条母链各自互补的一段子链。

“向前向前向前”，随着解旋过程的进行，新合成的子链也不断地延伸。同时，每条子链与其对应的母链盘绕成双螺旋结构，从而各形成新的DNA分子。新合成的每个DNA分子中，都保留了原来DNA分子中的一条母链，这种模式可以算是“以老带新”。

复制结束后，一个 DNA 分子就形成了两个完全相同的 DNA 分子。新形成的两个子代 DNA 分子，通过细胞分裂分配到子细胞的细胞核中去。

上面的这个过程，大框架上是正确的，逻辑上也是自洽的。但是，在细节上还有一个问题。

我们知道 DNA 的链是有方向性的。两个核苷酸通过脱水后，用磷酸二酯键链接，DNA 链从 5’向 3’端延伸。

所以，当DNA 链打开之后，有一根链的复制方向是和解旋的方向一致的，顺着螺旋解开的方向，不间断地组装复制，这根链叫前导链。前导链的复制是连续的。DNA 解开到什么地方，它就复制到什么地方。

而另一根链的复制比较复杂，它是和解旋方向相反的。它第一次从 a 到 b 进行复制，然后，DNA 解旋到了 c 点，它接下来从 c 到 d 进行复制。最关键的是，d 和 a 之间无法通过酶连接，因为 d 是 3’端，a 是 5’端，DNA 无法从 3’端连到 5’端。

这根链叫滞后链，它的复制是不连续的，造成了一个个片段。这些片段需要通过酶的作用连接起来。

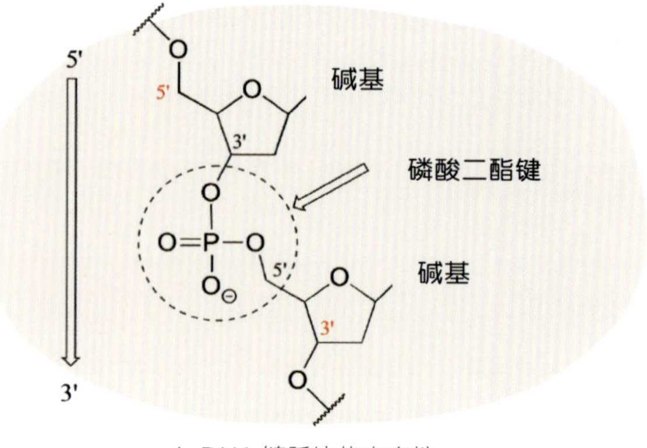

▲ DNA 链延伸的方向性

DNA链复制

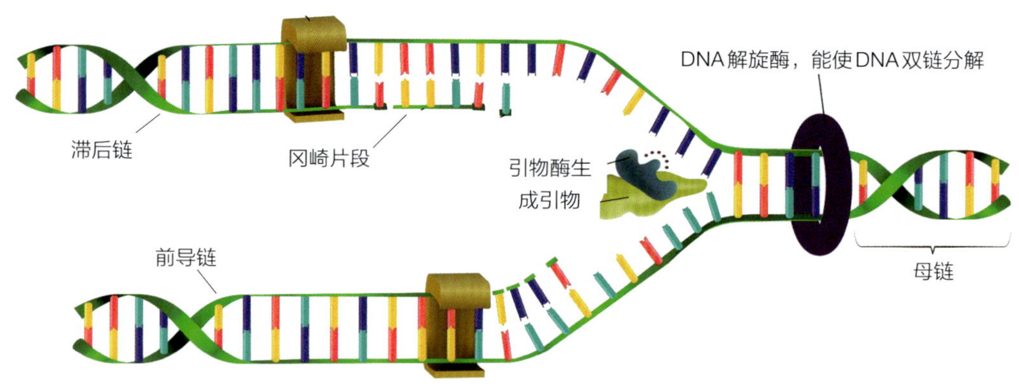

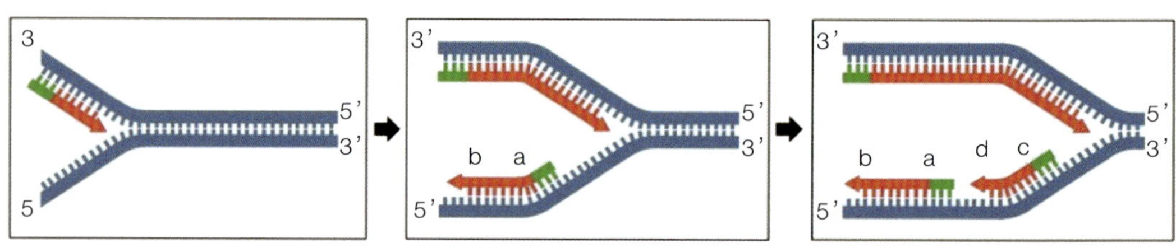

▲ 冈崎片段、前导链和滞后链

如果用一个生活中的类比，这种情况和江南水乡的农人插秧相似。

前导链是用自动插秧机，一边朝前开，一边插秧，插秧的方向和行驶的方向一致。

滞后链是人工插秧，农人在犁过的田里倒走着插秧。唐代布袋和尚有一首《插秧歌》写得好："手把青秧插满田，低头便见水中天，心地清净方为道，退步原来是向前。"

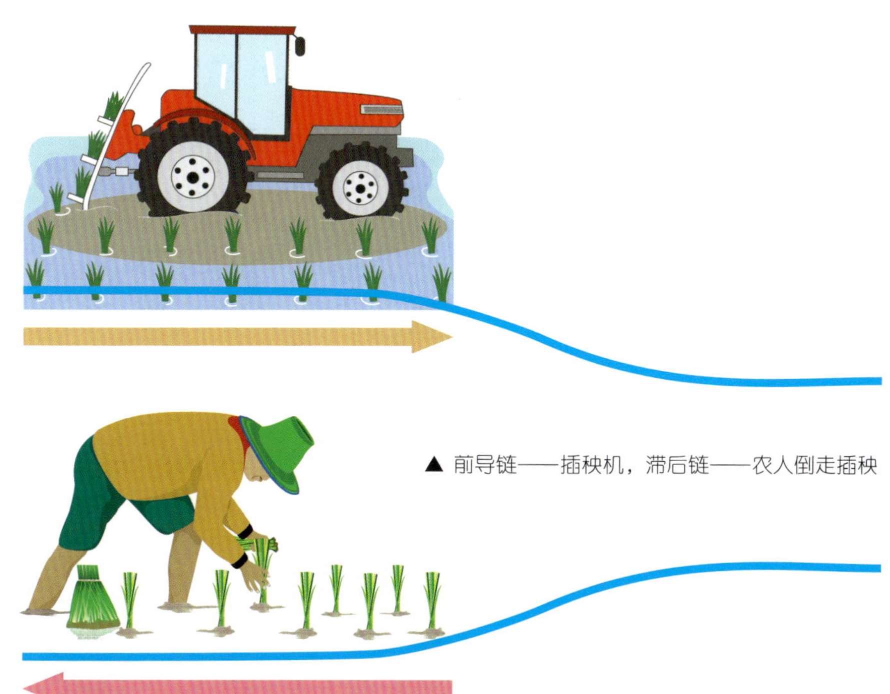

▲ 前导链——插秧机，滞后链——农人倒走插秧

如前所述，滞后链上会存在片段，这个猜想后来由一对日本夫妇研究证实。

1968 年，日本的冈崎夫妇的研究小组，在大肠杆菌的 DNA 复制实验中，发现试管底部的 DNA 物质一半是完整的，一半是碎片。但是，在加入 DNA 连接酶 5 秒钟后，就不再有任何碎片。

之后，这些在复制过程中产生的 DNA 片段以他们姓氏命名，叫"冈崎片段"。真核生物的冈崎片段大约长 100 ~ 200 个碱基对；原核生物的冈崎片段大约是 1000 ~ 2000 个碱基对。

可惜冈崎因为原子弹辐射的影响，患了白血病，于 1975 年英年早逝。

小结一下复制细节：欲复制，解旋又解链。前导向前很圆满，滞后逆行留片段。冈崎等酶连。

拔一根汗毛

前面讲的 DNA 复制，是生物体内自发的行为。

在理解了复制的过程和原理之后，科学家开始研究体外的 DNA 复制，譬如在试管内。

在《侏罗纪公园》系列电影中，科学家利用琥珀中蚊子体内的恐龙血液，提取恐龙 DNA 来克隆恐龙。

实际上，这并不是纯粹的幻想。1985 年，美国的科学家穆利斯发明了聚合酶链式反应技术（PCR）。这是一种用于生物体外的特殊 DNA 片段复制方法，可以在不同温度和酶的作用下，解开 DNA 双链再复制。PCR 的最大特点是能将微量的特定 DNA 片段大幅增加，能使 1 变 2，2 变 4，4 变 8……指数倍地增加特定 DNA 片段的数量。

如果每个周期只要两分钟，一小时内就能重复 30 个周期，产生超过 10 亿个原始 DNA 序列的副本——这真像《西游记》里孙悟空拔一根汗毛变出千千万万只猴子一样了。

1993 年，穆利斯因为开发了 PCR 获诺贝尔化学奖。

有了聚合酶链式反应，凶杀案中犯罪嫌疑人所遗留的毛发、皮肤或血液，只要能分离出一丁点的 DNA，就能用 PCR 加以放大，进行比对，从而找到凶手。我们甚至可能有希望让灭绝的猛犸象、剑齿虎复生。放翁的“何方可化身千亿？一树梅花一放翁”，也不再是幻想和夸张了。

▲ 凯利 · 穆利斯（1944—2019）

以大肠杆菌作为模式生物而获得诺贝尔奖的研究成果：

年份	研究成果	年份	研究成果
2015年	DNA 修复的机理。	1978年	限制性内切酶的发现及其如何作为细胞“剪刀”发挥作用。
2008年	绿色荧光蛋白的发现及其应用。	1969年	病毒复制机理及遗传方式。
1999年	蛋白质信号序列，细胞自我组织的一种方式。	1968年	遗传密码，即 DNA 的书写语言。
1997年	ATP（为生命提供动力的能量分子）的产生机理及细胞如何制造 ATP。	1965年	原核生物基因调控原理。
1989年	RNA 的催化作用。	1959年	DNA 和 RNA 的合成机制。
1980年	DNA 重组技术。	1958年	细菌的遗传物质及基因重组现象。

PCR循环
DNA模版
变性（94～98℃）
双链分离
退火（50～68℃）：系统温度降低，引物与DNA模板结合，形成局部双链。
聚合酶
聚合酶
延伸（72℃）：在酶的作用下，以脱氧核苷酸为原料，合成与模板互补的DNA链。

第1循环
第2循环
第3循环
第4循环
DNA样本
第35循环
$2^2=4$
$2^3=8$
$2^4=16$
$2^5=32$

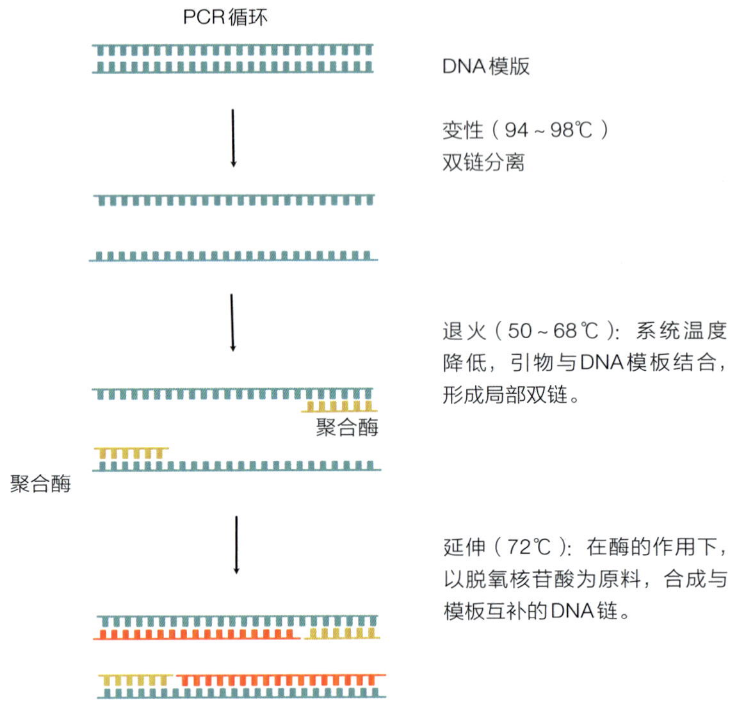

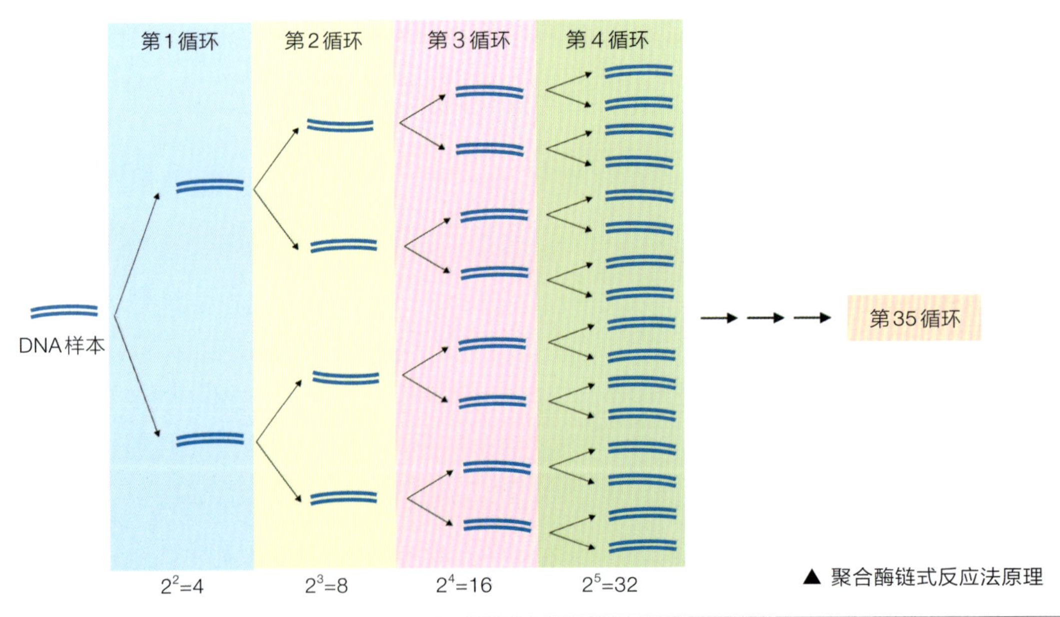

▲ 聚合酶链式反应法原理

科学家 梅塞尔森、斯塔尔、冈崎夫妇

模式生物 大肠杆菌

硬核知识

1. DNA 复制采用的是半保留方式，DNA 双链解开，各自作为模板，新链按碱基互补配对原则合成。
2. DNA 复制时，前导链和螺旋解开的方向一致，是连续复制的。
3. 滞后链的复制和螺旋解开的方向相反，先产生冈崎片段，再借助连接酶把片段连接起来。

顺口溜 欲复制，解旋又解链。前导向前很圆满，滞后逆行留片段。冈崎等酶连。

思考题 如果能用 PCR 复活绝种的生物，你会选择哪一种生物？为什么？

《宿命》——诗解 DNA 半保留复制

解开诗歌的颔联和颈联，
交与春风和秋月，
在词韵中各自寻找，
唯一互补成偶的字。

在岁月中不断复制，
复制出一场场聚散和悲欢。
远方的暮霭，眼前的月色，
江南的小桥流水长，
塞外的大漠落日圆。

花开花落，熙来攘往，
风雨中都是当年的模样，
只是，最初的相遇，
一旦分离，此生不再重逢。

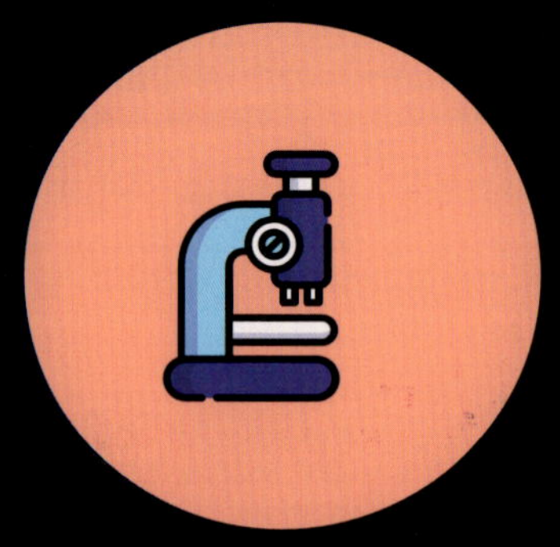

信使的使命

宇宙中的每一样事物都是偶然性与必然性结出的果子。

◉ 德谟克利特

1

侠客行

这是李白所作《侠客行》里的几句，刻画了侠客高超的身手和淡泊名利的节操。而我们在这一讲中的主角，完全担当得了这样的赞誉。

赵客缦胡缨，吴钩霜雪明。
银鞍照白马，飒沓如流星。
十步杀一人，千里不留行。
事了拂衣去，深藏身与名。
——[唐]李白《侠客行》

他叫雅克·莫诺，法国人。他的人设很难用几个简单的词来定义，用流行的话来说，是一个“斜杠青年”。

▲ 雅克·莫诺（1910—1976）

他在年少时，没有显露出将来会功成名就的特质。酷爱运动和冒险的他，曾经扬帆出海，借助一叶小舟到达格陵兰岛。喜欢科学的他，曾经去摩尔根的果蝇实验室学习过一年。在访问实习期间，迷恋音乐并很有天分的他，曾有机会被签约任命为当地交响乐团的首席大提琴手。

他从摩尔根实验室回到巴黎继续攻读博士，研究大肠杆菌的生长规律。他发现大肠杆菌的生长曲线非常光滑完美，他由此推导出了一个方程——莫诺方程。

在他寻找一生的职业方向的时候，德国入侵法国。他加入了地下抵抗组织法国内务部队（FFI），经历九死一生，最后成为抵抗运动的领导。这个类似于“敌后武工队”的抵抗组织，在巴黎搜集情报、运输物资、巷战锄奸，如果把这些事迹拍摄成电视剧，就是一部类似《加里森敢死队》的作品。

宝剑锋从磨砺出，梅花香自苦寒来。

莫诺晚上抗敌，白天在实验室研究大肠杆菌。

他发现在培养液中加入两种不同的糖时（葡萄糖和乳糖），得到的生长曲线有一个小小的平台。这个微不足道的平台，一般人可能会把它当作实验误差而忽略。但是，莫诺却花了大量的时间进行研究和思考，即使在战争的恶劣环境下仍然不放弃。在莫诺看来，大肠杆菌在含有葡萄糖和乳糖的培养

▶ 大肠杆菌在单一培养液（葡萄糖）和混合培养液（葡萄糖＋乳糖）中的生长情况

葡萄糖

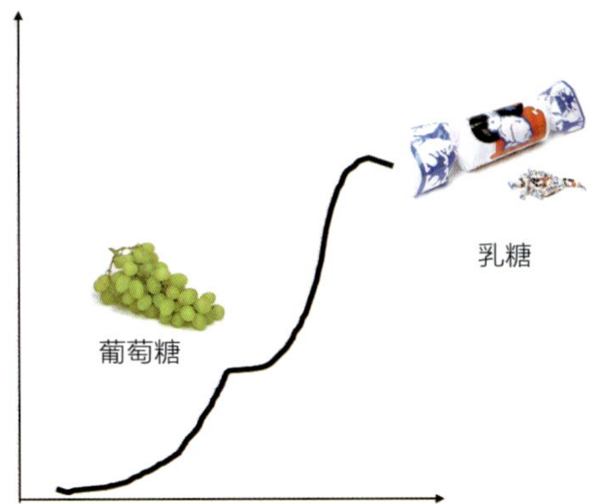

液中生长时，似乎是先消化葡萄糖，后消化乳糖。但是，在葡萄糖刚刚被消耗完的时候，大肠杆菌的生长会略作停顿，而后再以另外一种速度生长。

我们很难想象，在当时的环境下，莫诺是怎样在血雨腥风中从事他的生物学研究的。

二战结束之后，莫诺因在地下抵抗活动中的贡献，获得法国荣誉军团勋章（Légion d'honneur）。这是法国政府颁授的最高荣誉骑士团勋章。

▶ 法国荣誉军团勋章

2

操纵的玄机

战后的莫诺又回到科学研究事业中，他招收了一位志同道合的研究人员——弗朗索瓦·雅各布。

第二次世界大战爆发时，雅各布中断了在巴黎大学医学院的学业，离开法国加入英国部队，以军医的身份在北非苦战，后来参加了著名的诺曼底登陆。他因战功同样获得法国荣誉军团勋章。由于在战争期间受

▲ 弗朗索瓦·雅各布（1920—2013）

过重伤，战后他不得不放弃医生职业，改行从事微生物学研究。

这两位军功英雄，脱下战袍，穿起白大褂，一起研究生物学。

他们研究的仍然是大肠杆菌在多种混合糖类培养基中的生长问题。

大肠杆菌能“吃”葡萄糖，也能“吃”乳糖。葡萄糖是单糖，能直接“吃”。乳糖是双糖，大肠杆菌需要一种酶（β-半乳糖苷酶），把一份乳糖“劈开”，分解为两个单糖：一份半乳糖和一份葡萄糖，然后“吃”。

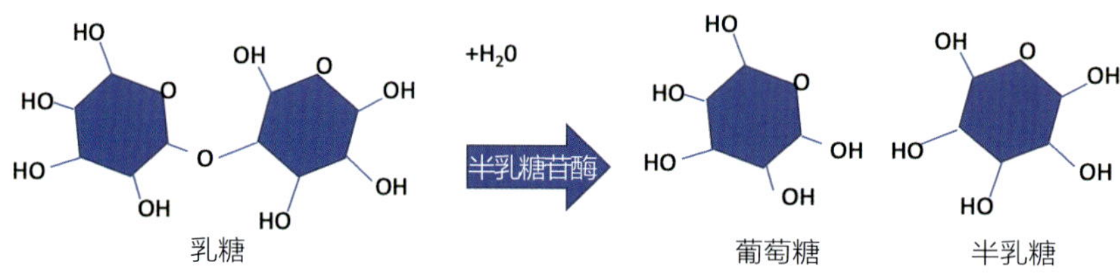

▲ 乳糖分解为半乳糖和葡萄糖

因为葡萄糖是比乳糖更好的能源，“挑嘴”的大肠杆菌会先“吃”葡萄糖。大肠杆菌细胞中似乎有一个控制开关，当培养基中有葡萄糖时，这个开关是关闭的，细菌“吃”葡萄糖而“不吃”乳糖；而当培养基中只有乳糖的时候，这个开关是打开的，细菌产生专门消化乳糖的酶，开始“吃”乳糖。

1961 年，他们发表了《蛋白质合成中的遗传调节机制》一文，提出操纵子（operon）学说。从莫诺发现大肠杆菌在多种糖培养基中的异常生长，到解开谜团，花了 20 多年的时间。当然，期间莫诺还领导过“敌后武工队”。

他们认为，大肠杆菌内部有一个十分巧妙的自动控制系统，负责调控大肠杆菌的乳糖代谢。在原理上很像古代的军队调动。驻扎在边关的军队，由一位将军指挥。但是，他不能决定是否出关进攻。当钦差来传令出兵，钦差手上的一半兵符和他手上的一半兵符查验过了，他才能出关进攻。

- 钦差手上的一半兵符，是诱导物质。
- 将军手上的另一半兵符，就是阻遏蛋白。
- 将军就是乳糖操纵基因 (operator)。
- 军队就是控制乳糖分解酶的结构基因（lac Z, lac Y, lac A, 其中 lac 是乳糖 lactose 的缩写）。
- 出关进攻，相当于生产乳糖分解酶。

▲ 诱导剂与阻遏蛋白就像钥匙和锁

当细菌需要消化乳糖时，阻遏蛋白与乳糖中产生的一种诱导物质结合，操纵基因开启，laz A-Z 表现活性，产生乳糖分解酶，细菌就能“大吃”乳糖了。

小结起来就是：基因调控，谁在操纵，诱导启动，兵符最重。

那么，会不会发生“窃符救赵”这样的事儿？用一种人工的诱导酶来操纵基因呢？这是绝对值得研究的一条思路。

他们发现的虽然只是大肠杆菌的乳糖消化酶的调节机制，但是，由此大胆地推论：生物体内的所有细胞（生殖细胞除外）都有相同的染色体，相同的基因，那么，为什么有的细胞组成了在我们身体内流淌的鲜血，有的组成了明眸善睐的大眼睛，有的组成了眉间的痣？那是因为基因是有“开关”的。当一些开关被关闭、另一些开关被打开的时候，细胞就完成不同的功能，组成不同的组织和器官。

基因一直就在那里，等着操纵子打开。对于基因来说：你见，或者不见我，我就在那里，不悲不喜。

在莫诺等人之前，生物学家们对于基因只有模糊的认识，而这个创造性的基因调节理论让人们进一步理解了基因的操纵和控制。

凭借这一伟大发现，莫诺、雅各布和安德烈·利沃夫共同获得了 1965 年的诺贝尔生理学或医学奖。

▲ 安德烈·利沃夫（1902—1994）

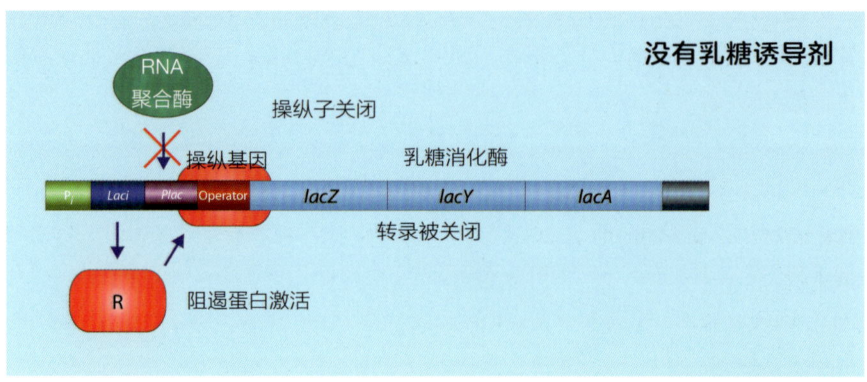

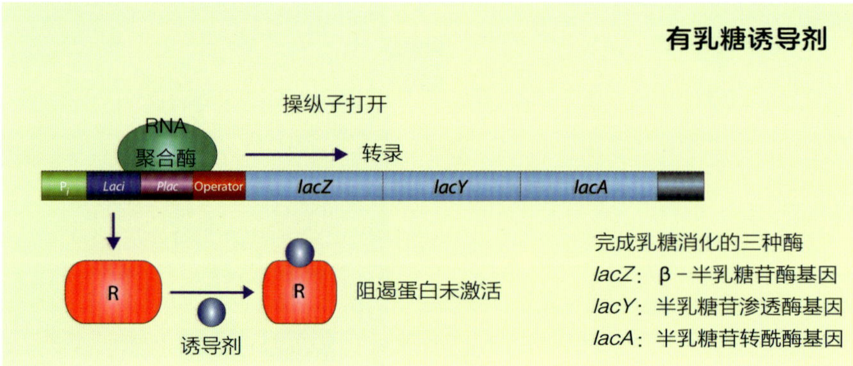

▲ 乳糖操纵子

3

不简单的信使

在创立了操纵子学说和发现了基因调控机制的同时，雅各布、莫诺和另一位科学家帕迪一起设计了一个著名的实验——PaJaMo，以三人名字的缩写命名。这个实验名和英文中的睡衣 pajama 的发音接近。

他们通过这个“睡衣实验”推测：

遗传物质 DNA 是被“封闭”在细胞核里的，这个细胞核“戒备森严”，只有很小的城门洞。城门洞非常小，DNA 根本无法出来。那么，DNA 怎么把遗传信息传递到细胞核外面呢？细胞是怎么接受遗传的指令合成蛋白质的呢？

他们认为一定存在一个信使。

正如“南风知我意，吹梦到西洲”。南风，是信使。细胞中也有传递遗传信息的信使。

联想到莫诺曾在二战期间的地下工作经历，无数次为抵抗组织传递情报，这个信使的概念也是颇有纪念意义的。

1961 年，雅各布和梅塞尔森、布伦纳用实验进一步证实了信使——mRNA 的存在。

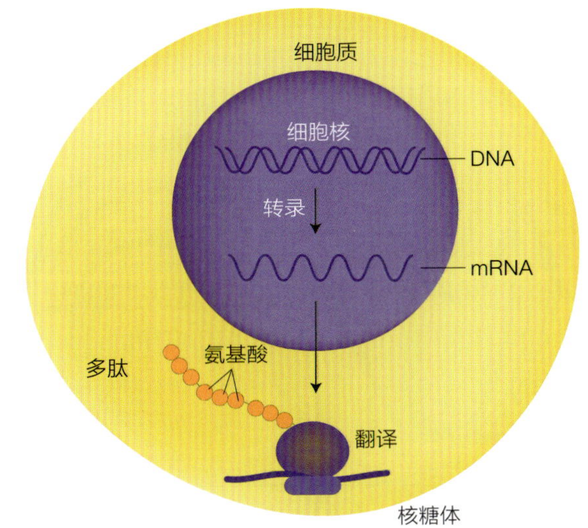

▶ DNA 转录为 mRNA，再翻译成蛋白质

细胞需要将 DNA 转录成小段的 mRNA，传递到细胞质中。细胞再根据 mRNA 的指令合成蛋白质。

好比你是个厨师，到图书馆查阅三千卷的《世界菜谱大全》，把需要的“锅包肉”菜谱抄写在一张纸上，然后把这张纸带出图书馆，去厨房大显身手。在这个类比中，图书馆就是细胞核，DNA 就是《世界菜谱大全》，mRNA 就是抄写了菜谱的纸，做这道菜的过程，就是把 mRNA 翻译成蛋白质。

mRNA 的寿命很短，好比你做过一次菜就把纸片扔了。细菌里 mRNA 的寿命在几秒钟到 1 个多小时，哺乳动物的 mRNA 寿命在几分钟到几天。而作为图书馆《世界菜谱大全》的 DNA，却是我们“一生不变的珍藏”。

这个转录的过程和 mRNA 的“出核之旅”，都涉及一系列精巧复杂的生物化学过程。

转录的过程，是通过“互补配对”来完成的。

DNA 链上的 A-C-G-T 转录成 mRNA 上的 U-G-C-A（注意：RNA 中和腺嘌呤 A 配对的是尿嘧啶 U）。

DNA分子两条链中，只有一条具有转录功能，这条具有转录功能的链，叫做模板链或反义链

RNA聚合酶

DNA

另一条无转录功能的链，叫做编码链或有义链

mRNA

转录

mRNA CGG AAG UGA CGG UAG UGA UCU AGU ACA

▲ DNA 链上的“ACGT”转录成 mRNA 上的“UGCA”
（A：腺嘌呤　C：胞嘧啶　G：鸟嘌呤　T：胸腺嘧啶　U：尿嘧啶）

4

偶然和必然

按照克里克的中心法则，细胞根据 DNA 的遗传信息生成蛋白质，但是，当时的科学家却不是很清楚这个具体的过程。

从 DNA 到 mRNA，再到蛋白质，分子遗传的整个运行规则慢慢清晰起来。mRNA 的功能推测和发现是生物学史上里程碑式的标志，其重要性不亚于 DNA 双螺旋分子模型的提出。

莫诺曾经把他们发现的基因调控机制称为“生命的第二秘密”，从某种意义上来说，他们是把这个第二秘密传递给人们的信使。

法国著名哲学家、1957 年获得诺贝尔文学奖的加缪说：“我所认识的真正天才人物只有一个——雅克 · 莫诺。”

莫诺探讨现代生物学的哲学意义和人类在宇宙中的位置，于 1970 年写作出版了一本深有影响的书《偶然性与必然性：略论现代生物学的自然哲学》。

在莫诺看来，操作子的控制机制是确定的、必然的；乳糖操纵基因在平时被阻遏蛋白锁住，是确定的、必然的；诱导因子把“锁”打开，是确定的、必然的；蛋白酶能和一种分子发生反应，而不和另一种分子反应，是确定的、必然的。

但是，生物系统保留信息的能力，以及信息复制过程中发生的变化（即遗传突变），却充满了偶然性。甚至人类的出现，也是偶然的产物！莫诺发出感怀：人类终于知道，在无比广袤的宇宙中，人类是孤独的，只是偶然出现在其中。

回想一下莫诺年轻时在刀锋上行走的日子，生与死每时每刻都在被偶然性影响着。但是，他的每一次抉择却充满了确定的信念。

对于偶然性和必然性，你是怎么想的？或许命运有定数，窗外或许风雨如晦，或许风和日丽，你仍然可以选择你的心情和生活。

愿你：在日复一日注定的必然中，找到偶然的惊喜；在不可掌控的偶然中，享受那些小小的确幸。

科学家 莫诺、雅各布、利沃夫

模式生物 大肠杆菌

硬核知识
1. 操纵子：细胞通过操纵子来对基因进行调控，打开和关闭某些基因片段和功能。
2. 转录：细胞将 DNA 上的信息转录到 mRNA，mRNA 再将信息携带至细胞质中。转录过程中，DNA 模板链上的 A-C-G-T 变成 mRNA 上的 U-G-C-A。

顺口溜
1. 基因调控，谁在操纵，诱导启动，兵符最重。
2. 典藏封核心，转录要拓印，字字须互补，段段传秘信。

思考题 如果 DNA 链上的某 9 个碱基是 CATTAGCAT，请问其相对应的 9 个配对碱基是什么？
如果 DNA 反义链上的某 9 个碱基是 CATTAGCAT，请问转录过程中 mRNA 上与其配对的 9 个碱基是什么？

《信使》

内城九门紧闭，
一枝红杏如何出得宫墙来？
化整为零，
一抹颜色赋予蝶羽，
一段清香委与春风，
嗲啶字字叮咛，嘌呤声声慢嘱，
封口处再按下东君的印鉴。
心中山盟仍在，
城外锦书已托，
莫错，莫错，莫错，
一夜间，
鹦鹉洲上芳草萋萋。

解密三字经

遗 传 密 码 是 自 然 之 杰 作 。

1

遗传密码的三字经解释

大英博物馆有一块古老的黑色玄武岩石碑，高 1.14 米，宽 0.73 米，上面密密麻麻刻了三种不同的文字：古埃及象形文、古埃及草书以及古希腊文。

借我借我一双慧眼吧，
让我把这纷扰，
看个清清楚楚
明明白白真真切切。
——歌曲《雾里看花》

据研究分析，这块被称为罗塞塔石的石碑历史悠久，制作于公元前 196 年。最早研究这块石碑的，是医生兼物理学家托马斯·杨，他从中翻译出了“托勒密”这个名字。后来，其他学者陆续解开了罗塞塔石碑的秘密。上面刻的是古埃及国王托勒密五世登基的诏书。

▲ 罗塞塔石

解读出罗塞塔石碑中失传千余年的古埃及象形文，成为当代研究古埃及历史的重要里程碑。后来，罗塞塔 rosetta 在英文里被引申比喻为语言翻译的神器，或者是能解开谜题的工具。

如果罗塞塔石碑上的千字文已然这么难破译，那么我们又该怎样解读生物体内的 DNA 密码：

- 人类的染色体上有 30 亿个碱基对；
- 果蝇的 DNA 有 1800 万个碱基对；
- 大肠杆菌的 DNA 中有 470 万个碱基对。

▲ DNA 片段（注：核苷酸由碱基、脱氧核糖（或核糖）和磷酸盐组成，不同的核苷酸的区别在于碱基，所以生物学研究中常直接用碱基来表述 DNA 编码信息）

由四种碱基排列组成的序列密码应该怎么破解?

即使知道了遗传信息是从 DNA 转录到 mRNA，再翻译成蛋白质的，我们仍然不清楚 DNA 和蛋白质之间如何形成精确的对应关系。

“碱基顺序决定氨基酸顺序”这一特性被称为遗传密码，是 20 世纪 50 年代末分子生物学领域迫切需要解决的重大问题之一。要解开 DNA 的密码，难度要比解读罗塞塔石碑高成千上万倍。

1961 年，克里克和布伦纳等人合作做了一个非常有趣的实验。

他们利用化学药剂使得噬菌体的基因发生突变，插入几个碱基或者删除几个碱基，好比在梯子上添加几级或者抽掉几级。他们发现去掉 1 个或者 2 个碱基的时候，基因完全乱了，噬菌体无法侵染大肠杆菌；而当去掉三个碱基的时候，基因还能起到遗传的作用，噬菌体可以侵染大肠杆菌。

他们由此推测，碱基是以每三个为一组的，基因编码的形式类似于“三字经”！

比如，

人之初，性本善，性相近，习相远，苟不教，性乃迁，教之道，贵以专……

去掉一个字变成：

之初性，本善性，相近习，相远苟，不教性，乃迁教……

去掉两个字变成：

初性本，善性相，近习相，远苟不，教性乃，迁教之……

这两种错位，你都读不懂。

去掉三个字之后，虽然有部分信息丢失了，但是你还是能读懂。

人之初，性本善，习相远，苟不教，性乃迁，教之道……

还有一位科学家乔治·伽莫夫另辟蹊径却也靠近了答案，从数学的排列组合推测出，碱基对是以每三个为一组的三联体“三字经”。

当时的科学家已经发现了蛋白质是由 20 种氨基酸通过不同的排列组合构成的（现在发现蛋白质中共有 22 种氨基酸，第 21 种在少数情况下参与人体蛋白质合成，第 22 种只在产甲烷菌中存在）。

如果 DNA 的四种碱基 A、C、G、T 控制蛋白质的合成，那么，从数学上来说，至少需要几个碱基作为一组进行排列组合，才能精准匹配 20 种氨基酸呢？

一个碱基行不行？只能有 {A}{C}{G}{T}4 种组合，不够。

两个碱基为一组进行排列组合呢？有 $4\times4=16$ 种：

▶ 乔治·伽莫夫（1904—1968）

{A,A}{A,C}{A,G}{A,T}

{C,A}{C,C}{C,G}{C,T}

{G,A}{G,C}{G,G}{G,T}

{T,A}{T,C}{T,G}{T,T}

还是不够用于表达 20 种氨基酸。

三个碱基有 4×4×4=64 种排列组合：

{A,A,A}{A,A,C}{A,A,G}{A,A,T}

{A,C,A}{A,C,C}{A,C,G}{A,C,T}

{A,G,A}{A,G,C}{A,G,G}{A,G,T}

{A,T,A}{A,T,C}{A,T,G}{A,T,T}

……

{T,A,A}{T,A,C}{T,A,G}{T,A,T}

{T,C,A}{T,C,C}{T,C,G}{T,C,T}

{T,G,A}{T,G,C}{T,G,G}{T,G,T}

{T,T,A}{T,T,C}{T,T,G}{T,T,T}

64 种碱基的组合，用来编码 20 种氨基酸，从数学上来说绰绰有余了。你或许会有疑问，多余的怎么办？编码是可以有冗余度的，多余的编码还能增加容错度。我们在后面会分析到。

克里克等人通过精巧实验和伽莫夫凭借敏锐直觉，解开了基因编码的第一个关键——三联体密码。

2 尼马实验

虽然有了“三字经”，但当时的人们离真正破解遗传密码还有非常遥远的距离。20 世纪 50 年代，诺贝尔生理学或医学奖获得者、发现了“一种基因一种酶”的塔特姆曾说，DNA 的破译需要一生的时间。

接下来接受这个挑战的人，叫尼伦伯格。

尼伦伯格从小就喜欢生物学，观察并记录植物、昆虫和鸟等。如今的佛罗里达迪斯尼世界，在 20 世纪 40 年代还是一片沼泽地，那里是尼伦伯格的天堂。他经常进入沼泽地抓蜘蛛来进行研究，后来发现了一个蜘蛛新品种，这种蜘蛛后来被纽约的自然历史博物馆以尼伦伯格的名字来命名。

1957 年获得生物化学博士学位后，尼伦伯格进入美国国立卫生研究院（NIH）进行博士后研究。1959 年，尼伦伯格对遗传密码产生了浓厚的兴趣，因为这个问题充满了挑战，和少年时沼泽地里的蜘蛛一样深深地吸引了他。

当这位“蜘蛛侠”决定来破解密码的时候，很多人觉得这是“学术自杀”行为。

为了破译遗传密码，尼伦伯格选定大肠杆菌作为研究对象。

他首先想搞清楚的是：究竟是 DNA 还是 RNA 直接指导了蛋白质的合成？

他先制备了大肠杆菌无细胞体系，经过一段时间处理，破坏了细菌原有的 DNA 和 RNA，让大肠杆菌的蛋白质合成基本停止。

然后，在装有这种大肠杆菌的试管中分别加入 DNA 和 RNA。

结果发现只有加入 RNA 的试管中，有蛋白质的合成；而加入 DNA 的试管中，没有蛋白质的合成。

这个结果清晰地说明 RNA 直接指导了蛋白质合成。

既然 RNA 才是主角，那么，遗传密码就是要找到四种碱基 A、C、G、U 的“三字经”和 20

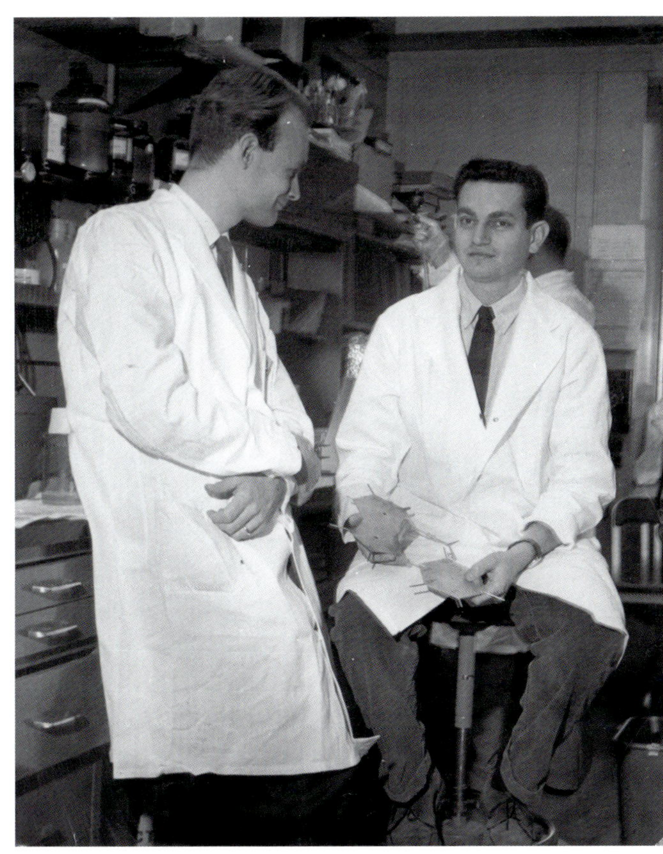

▲ 马歇尔 · 尼伦伯格（1927—2010）（右）和马特伊（1929 年— ）（左）

种氨基酸的对应关系。

他从简单的入手。当时的科学家已经可以合成“清一色”的碱基串了，称为多聚核苷酸，比如由一串尿嘧啶构成的 RNA（UUU……）。

他和助手马特伊一起，准备了 20 个试管，每个试管里盛放了 20 种氨基酸的混合液，但是，每个试管中只有一种氨基酸带有放射性标记。

当他们在 20 个试管中都加入尿嘧啶的时候，在装有放射性苯丙氨酸的试管中检测到了放射性的蛋白质。

——20 个试管一字排开，然后向其中都放入尿嘧啶，还是颇具规模的。

苯丙氨酸在接收到尿嘧啶“信号”的时候，合成了蛋白！这个结果意味着尿嘧啶（UUU）代表了苯丙氨酸的“三字经”遗传密码！

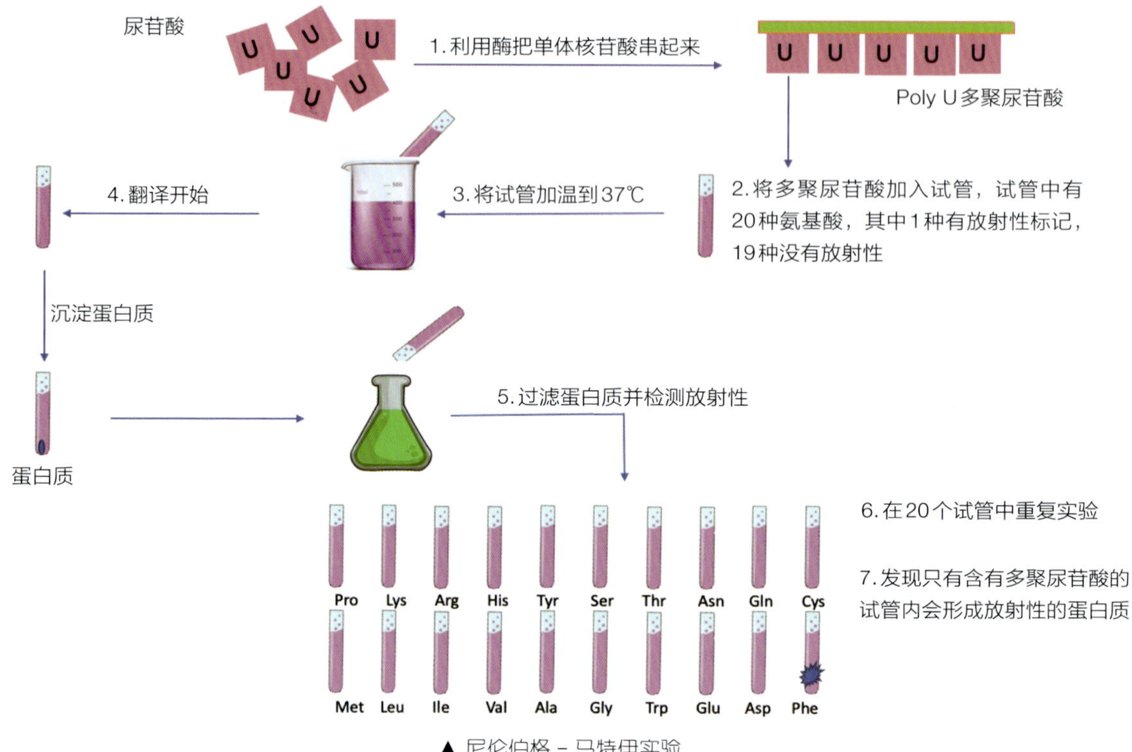

▲ 尼伦伯格 - 马特伊实验

这个经典实验又被称为尼伦伯格 - 马特伊实验，简称“尼马实验”。

有诗赞道：“单个氨基打标签，二十试管一字排，多聚核苷尿嘧啶，苯丙氨酸制蛋白。”

1961 年 8 月，在莫斯科召开的国际生物化学大会上，尼伦伯格向大会提交了一篇论文。因为 34 岁的尼伦伯格名不见经传，报告厅只有不超过 30 位科学家聆听。幸运的是，其中一位科学家对这项进展很感兴趣，并将报告内容告诉了“大咖”克里克。

克里克知道消息后“虎躯一震”，立刻邀请尼伦伯格第二天在“千人大厅”再做了一次报告。

尼伦伯格的研究结果引起了科学界极大的轰动。UUU 对应苯丙氨酸，这是遗传密码研究的重大突破，这一突破在 1961 年科学界引起的关注，堪比苏联宇航员加加林在当年的首次太空飞行。

尼伦伯格乘胜追击，利用“撸串 UUU”的方法，“撸”出了 AAA 串（赖氨酸）和 CCC 串（脯氨酸）。

但在“撸”GGG 串时，却遇到巨大困难。20 个试管中检测不到任何放射性蛋白质的合成。这说明该方法还有缺陷，需要新的方法来破解。

问题：密码子（codon）UUU、AAA、CCC 对应的氨基酸是什么?

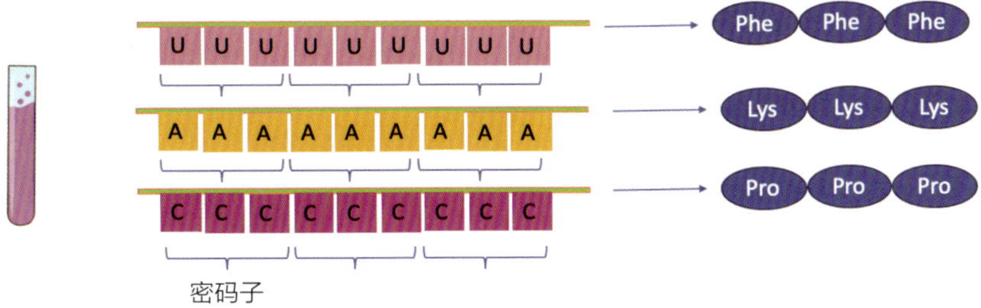

结论：UUU 对应苯丙氨酸（Phe）、AAA 对应赖氨酸（Lys）、CCC 对应脯氨酸（Pro）。

▲ 相似的解码方式

3

【挑战阅读】:

莱尼实验

1963 年，另一位博士后莱德，慕名加入尼伦伯格的实验室。

当时，生物界已发现了三种 RNA——“RNA 三剑客”，初步了解了它们在蛋白质翻译过程中的作用。

- 信使 RNA(mRNA),这是接收订单的车间主任。从细胞核中的 DNA 转录出遗传信息，并送到细胞质中，每相邻的三个碱基编成一组，形成密码子。
- 核糖体 RNA（rRNA），这是制造蛋白质的“打工人”，根据信使 RNA 的指令，合成蛋白质。
- 转运 RNA（tRNA），这是“货拉拉”，把氨基酸的原材料运输到加工厂。这些氨基酸上有三个碱基作为标识，这三个碱基称为反密码子。tRNA 的反密码子与 mRNA 的密码子互补。

人体细胞模式图

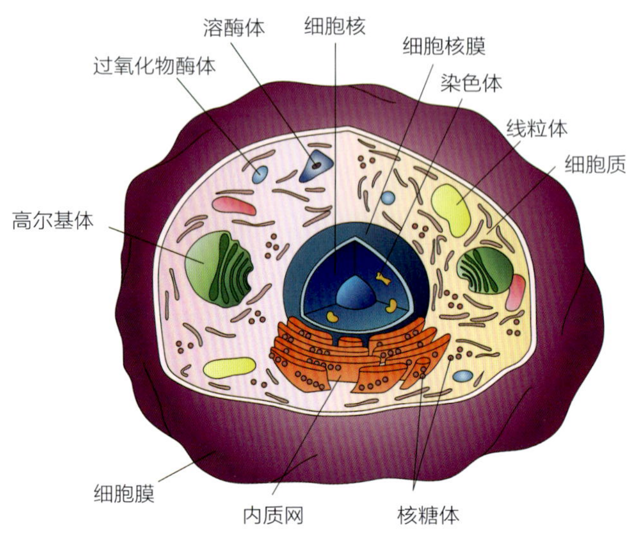

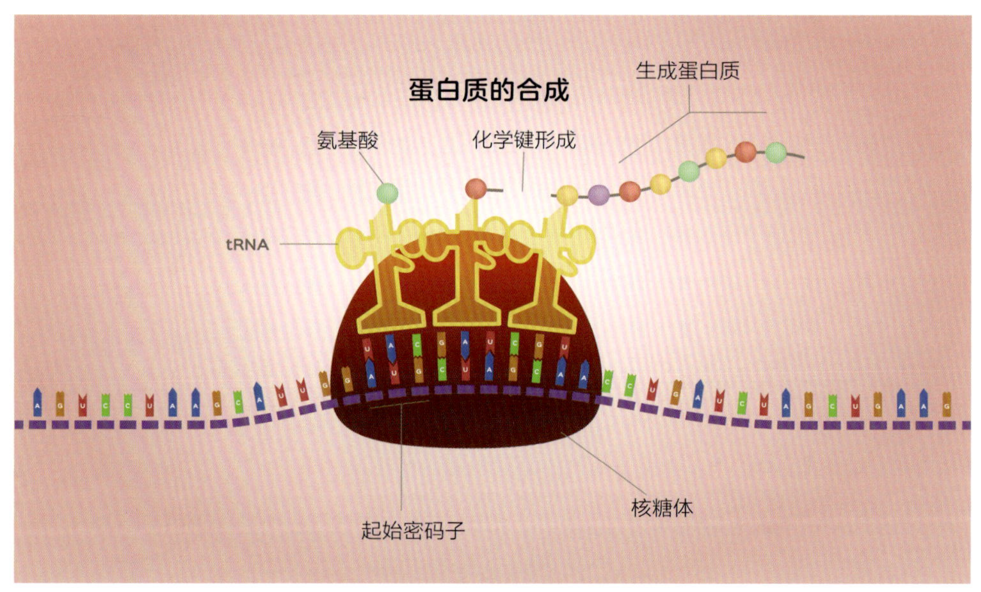

▲ 核糖体在细胞中的位置，核糖体完成蛋白质的合成

细胞一边收到一条条 mRNA，一边让 tRNA 进行匹配，tRNA 上有三个碱基和一个氨基酸。当一串氨基酸通过化学键连接起来，就形成了蛋白质的雏形。

我们人体一个细胞中有多少个核糖体“打工人”？ 1000 万个之多！

莱德发现“RNA 三剑客”中 mRNA 和 tRNA 的身材都很精瘦，每个都能穿过特定孔径的滤膜。

而另一方面，核糖体很胖，无法穿过滤膜。

而当核糖体、mRNA、tRNA 一起工作合成氨基酸时。这个复合物身子更大，更无法通过滤膜。

根据这种特性，莱德开发了三联体 - 核糖体结合实验来研究遗传密码。三联体 - 核糖体结合实验是分子生物学史上的经典实验之一，也被称为莱德 - 尼伦伯格实验。

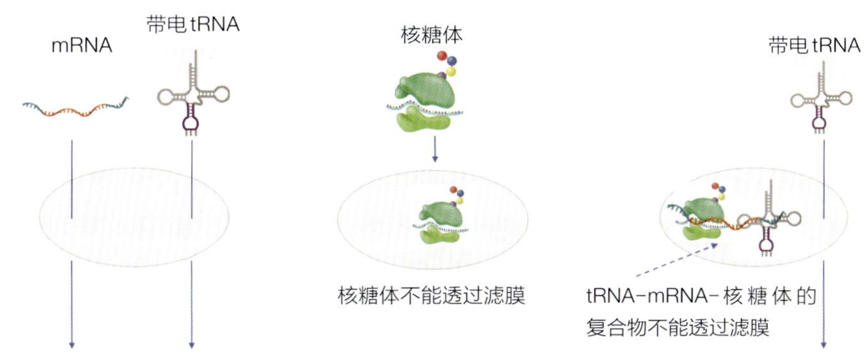

▲ 莱德 - 尼伦伯格实验

破译遗传密码掀起了激烈的科学竞赛，更多研究者加入这个行列。尼伦伯格的同事也意识到遗传密码的重要性，破解密码很可能意味着赢得诺贝尔奖，这将是第一位美国国立卫生研究院的科学家获得殊荣。许多美国国立卫生研究院研究人员暂时放弃自己的工作来帮助尼伦伯格，从而形成了一个约 20 人的“快马加鞭助尼争夺诺贝尔奖”小组。

1966 年，64 种遗传密码全部被破译，研究人员制作了第一张遗传密码表，其中 61 种密码编码 20 种氨基酸，另外 3 种（UAA、UAG、UGA）不编码氨基酸，仅提供终止信号，相当于是一篇文章的终止符号。

看这个密码表，有多个密码对应一种氨基酸，这增强了密码的容错能力，也就是说，即使复制和传输过程中发生了些许的差错，细胞仍然可能合成出正确的氨基酸。特别是“三字经”第三位中的尿嘧啶 U 和胞嘧啶 C，是可以互换的。

这张表就在你身体里，在我身体里，在地球所有生物的身体里，每时每刻在被查询，你的每一丝肌肉、每一寸肌肤、每一滴血液，都离不开它——一张表控制了世间万物，从某种意义上来说，我们都与它有关。

回头再看罗塞塔石碑，这张密码表居然比它还简单！科学原理往往就是如此，在你没搞清楚之前，它纷繁复杂，在抽丝剥茧之后，你发现原来大道至简！

1968 年，尼伦伯格由于“对遗传密码及其在蛋白质合成过程方面作用的解释”而与霍拉纳、霍利分享了诺贝尔生理学或医学奖。霍拉纳独立完成了氨基酸的解码，而霍利的贡献是在 tRNA 方面。

至此，生命遗传的框架被揭示开来了。

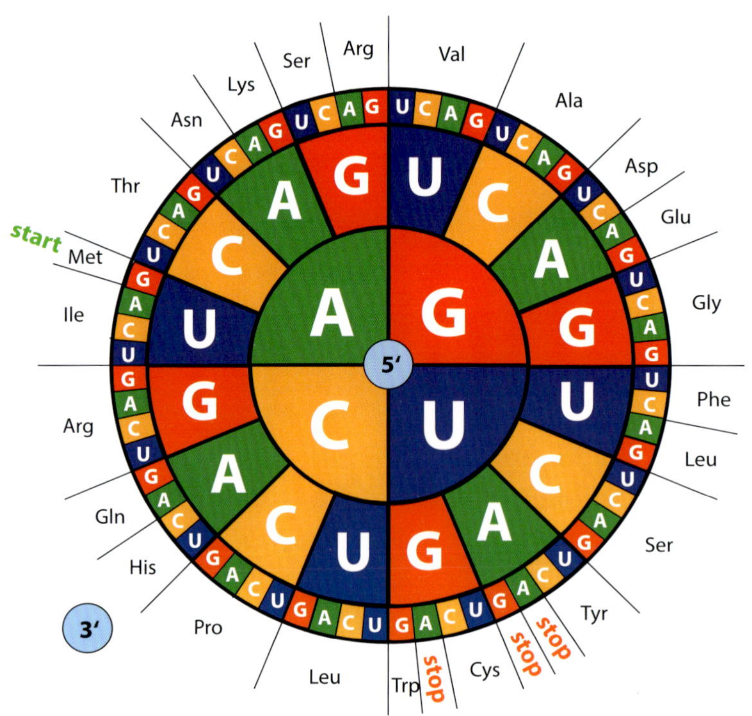

◀ 遗传密码表（轮盘状）和下图的列表对应，学习如何检索密码子对照的氨基酸。从内圈到外圈，先查第一个碱基字母，再查第二个碱基字母，最后查第三个碱基字母，从 5’到 3’，就能找到密码子对应的氨基酸。

第一个字母	第二个字母				第三个字母
	U	C	A	G	
U	苯丙氨酸（Phe）	丝氨酸（Ser）	酪氨酸（Tyr）	半胱氨酸(Cys)	U
					C
	亮氨酸（Leu）		终止	终止	A
				色氨酸（Trp）	G
C	亮氨酸（Leu）	脯氨酸（Pro）	组氨酸（His）	精氨酸（Arg）	U
					C
			谷氨酰胺(Gln)		A
					G
A	异亮氨酸（Ile）	苏氨酸（Thr）	天冬氨酸(Asn)	丝氨酸（Ser）	U
					C
			赖氨酸（Lys）	精氨酸（Arg）	A
	蛋氨酸（起始Met）				G
G	缬氨酸（Val）	丙氨酸（Ala）	天冬氨酸(Asp)	甘氨酸（Gly）	U
					C
			谷氨酸（Glu）		A
					G

▲ 遗传密码表
从左到右先查第一个碱基字母，再查第二个碱基字母，最后查第三个碱基字母，就能找到密码子对应的氨基酸。

生命的共同语言

有科学家评论："尼伦伯格发现的碱基密码表对于生物学家的影响，与门捷列夫元素周期表对于化学家，爱因斯坦的质能方程 $E=mc^2$ 对于物理学家的影响，是同等的重大深远。"

因为尼伦伯格个性内向，不喜欢到学术圈外向公众宣传自己，他的公众知名度并不高，被称为"被遗忘的遗传密码之父”。尽管克里克提出了遗传密码的构想，但尼伦伯格才是真正破解遗传密码的人。

尼伦伯格还和同事比较了大肠杆菌和爪蟾及仓鼠的遗传密码，结果发现它们都使用相同的遗传密码。

这项发现具有十分重要的哲学意义，它意味着地球上所有生命形式都使用相同的语言。我们和猫狗牛羊、草木飞虫甚至细菌，都使用同样的“三字经”密码系统。

尼伦伯格说，地球上所有形式的生命都使用相同或非常相似的遗传密码。地球上所有形式的生命都源于一个共同的祖先，并且地球上所有形式的生命都相互关联。我们从父母那里继承的 DNA 信息中，包含着数十亿年来逐渐积累的遗传与变异。遗传的信息会随时间缓慢变化，但是，遗传语言的翻译方式基本上保持不变。

生命密码的秘密就在于此。那么，如果其他星球上也存在生命的话，是不是采用同样的密码？是不是碳基的生命都遵从这个“三字经”？是不是硅基的生命有自己独特的密码？这些问题，等着未来的科学家去解答。

科学家 尼伦伯格、马特伊

模式生物 噬菌体、大肠杆菌

硬核知识

1. 密码子：在蛋白质合成时，mRNA 分子中每相邻的三个碱基编成一组，代表某一种氨基酸。mRNA 分子中的碱基序列决定了氨基酸的序列。
2. tRNA：每个 tRNA 带有一个氨基酸，同时上面有反密码子，反密码子和 mRNA 上的密码子互补配对。
3. 核糖体：细胞中的蛋白质工厂，可根据 mRNA 的密码，将 tRNA 上的氨基酸串起来，形成肽链。

顺口溜 单个氨基打标签，二十试管一字排，多聚核苷尿嘧啶，苯丙氨酸制蛋白。

思考题 赖氨酸的密码子是 AAA。那么，携带它参与蛋白质合成的反密码子是什么？

《核糖体》

一骑红尘，
执令的信使来自紫禁城。
皇恩浩荡，广开商路，
千万核糖体开市大吉。

转运使，满载南北山货，
神算子，口诵三字生意经，
按图逐一查对：
一分钱，一分货。氨基酸，串一起。
先小人，后君子。虽重利，不忘义。

男女老幼，飞禽走兽，
草木虫萤，无一落下，
不知从何时起，
已将滚滚蛋白的买卖，做遍了天下。

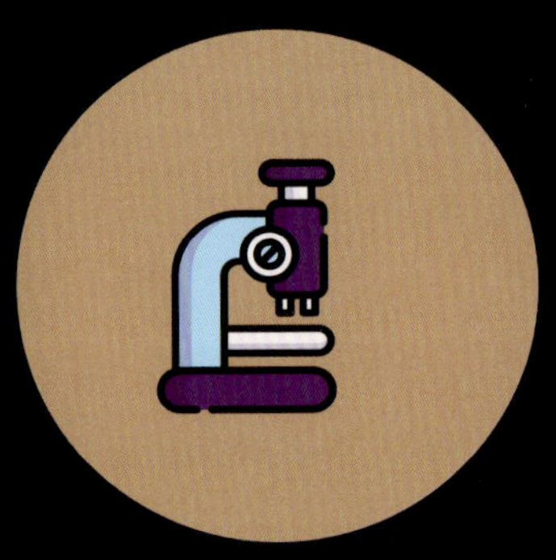

第14讲 读你千遍

DNA

是一本一目了然的书，

但是

我们至今没有完全读懂。

【挑战阅读】：

双脱氧的唐诗解读法

一定有些什么
是我所不能了解的，
不然草木怎么都会循序生长，
而候鸟都能飞回故乡。
——席慕蓉《如歌的行板》

桑格在给蛋白质测序并得了诺贝尔化学奖之后，又找到了一件好玩的事：给 RNA 和 DNA 测序。

给 DNA 测序的难度要远远高于蛋白质测序。牛胰岛素只有 51 个氨基酸就使人们花了将近十年的时间，而 DNA 序列，即使是简单的病毒噬菌体也有几千个碱基对。

再来看几何尺度，碱基对的长度只有 2 纳米，是头发丝的千分之一。

那么，桑格是怎么来给 DNA 测序，从而拿到第二个诺贝尔化学奖的呢？

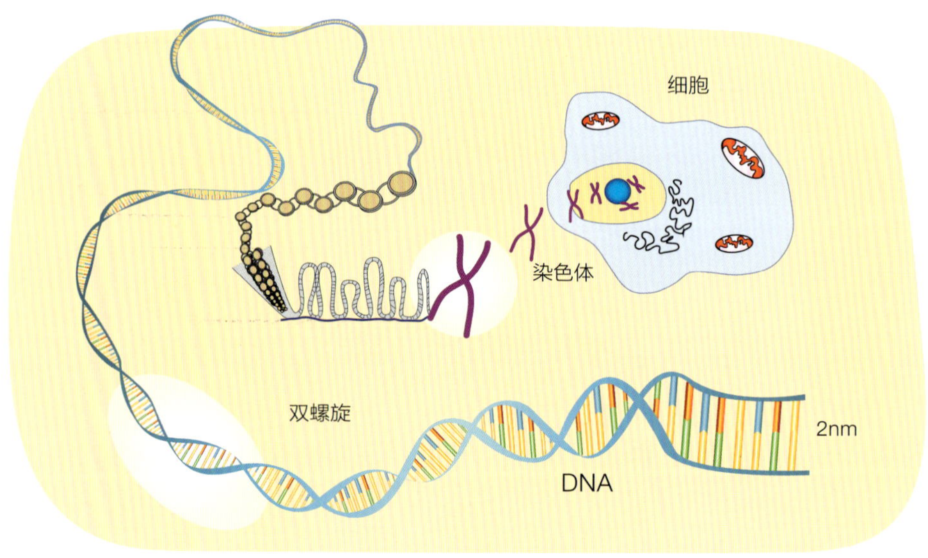

▲ 从染色体到 DNA 的尺寸

桑格的方法非常巧妙。

让我们来回忆一下 DNA 链是怎么生长的：DNA 链是从 5’端往 3’端方向生长的。新加入的核苷酸的磷酸根，与前面的核苷酸 3’端位置上的 -OH 起化学反应，使得这两个核苷酸通过磷酸二酯键链接起来。

但是，如果前面的核苷酸 3’端的 -OH 失去了一个氧原子，那么，后来的核苷酸就没办法通过脱水反应形成化学键。

这个失去了一个氧原子的核苷酸，是双脱氧核苷酸。为什么叫双脱氧核苷酸呢？因为它在 2’和 3’位置上的氧原子都脱掉了。

双脱氧核苷酸和脱氧核苷酸一样，也具备 DNA 编码的功能。但是，一旦它加入 DNA 的链中，它就是排在最后一个的，后面就不能有其他核苷酸。

好比你去超市买东西，收银员快要换班休息了，说你是最后一个顾客了——你就是那个双脱氧核苷酸。

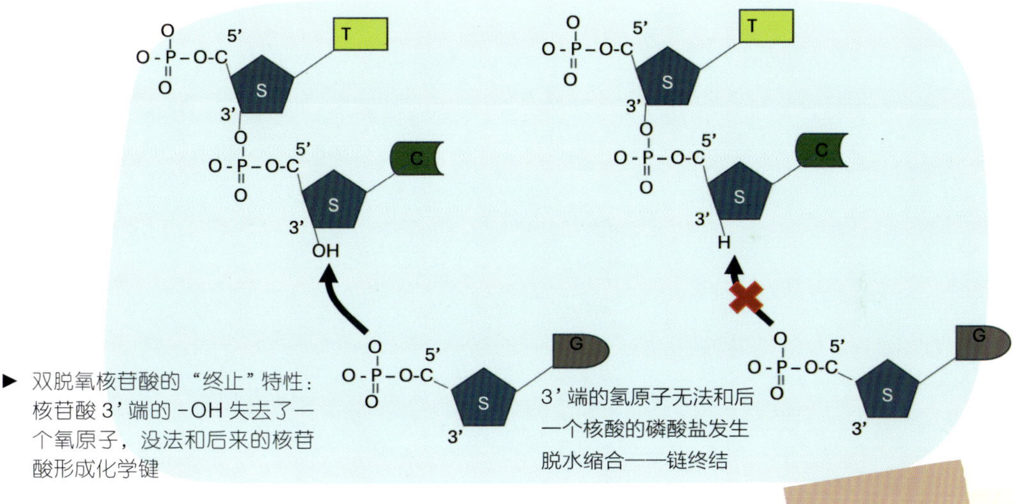

▶ 双脱氧核苷酸的“终止”特性：核苷酸 3’端的 -OH 失去了一个氧原子，没法和后来的核苷酸形成化学键

“脱去双氧核苷酸，挂在末尾做标签。二三位置都无氧，望洋兴叹不成键。”

这个与众不同的特性，可以被巧妙使用，用来标识各个核苷酸的位置。当然，双脱氧核苷酸也有四种，分别是：ddATP，ddCTP，ddGTP 和 ddTTP，对应四种碱基 A，C，G，T。第

脱去双氧核苷酸，
挂在末尾做标签。
二三位置都无氧，
望洋兴叹不成键。

一个 d 是“双”的意思，第二个 d 是“脱氧”的意思。

作为勤勉的“蜗牛”，桑格采用的方法，依然是“蜗牛赛跑大法”：

先利用加热和双脱氧法，把 DNA 的长链切成一个个片段，然后，让这些 DNA 的片段在电场的作用下，像蜗牛爬藤一样，“慢慢爬”。不同长度的 DNA 片段，就像不同大小和速度的蜗牛。通过认真辨别这些“蜗牛”，DNA 序列就出来了。

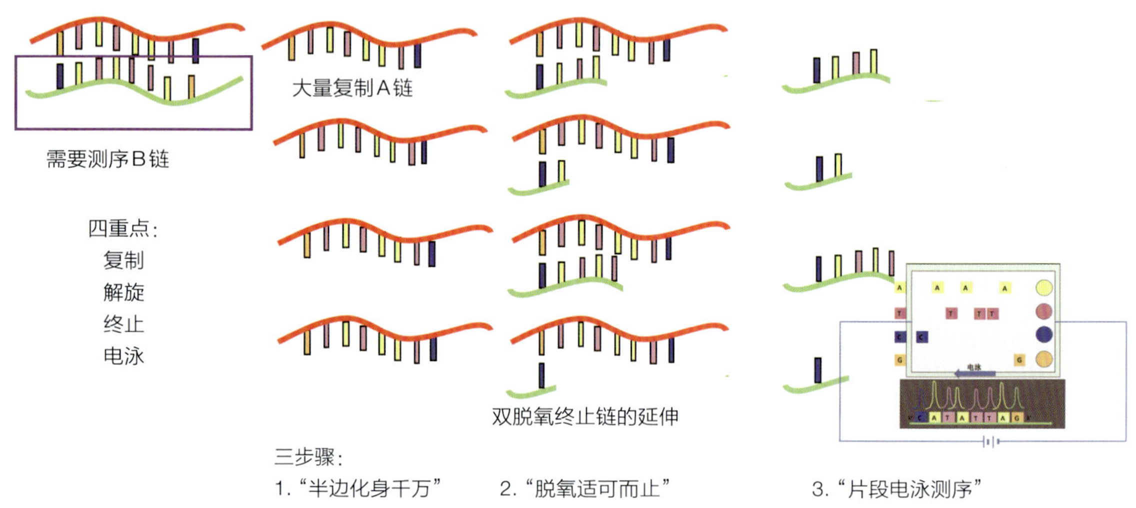

▲ 桑格测序法：三步四重点

假设我们要给一段 DNA 测序：

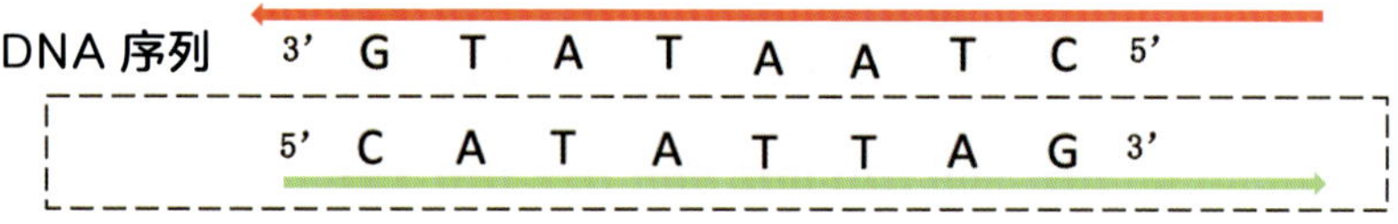

第一步“半边化身千万”

DNA 两条链的碱基互补配对，如果要对 B 链测序，就大量复制与 B 链互补的 A 链（比如用 PCR 技术）。

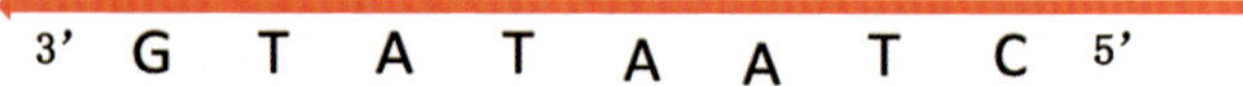

第二步“脱氧适可而止”

把复制的大量 A 链放进试管，加入各种需要的材料（引物、聚合酶），开始合成与之匹配互补的 B 链。

关键来了，在试管中加入某一种双脱氧核苷酸，如 ddATP，而且打上荧光标签。这个 ddATP 一旦加入某条 DNA 链中，就使得 DNA 链在某个碱基 A 的位置终止合成。有的在第一个碱基 A 处停止合成了，有的到第二个碱基 A 停止，有的到最后一个碱基 A 停止。

接下来通过加热，将完整的 A 链和“适可而止”的 B 链分离，得到一些以碱基 A 结尾的短链。

我们用黄色背景表示这是一个打上了荧光标签的双脱氧核苷酸 ddATP。前面的碱基是灰色背景，我们不知道里面的内容，也不知道里面有几个碱基。

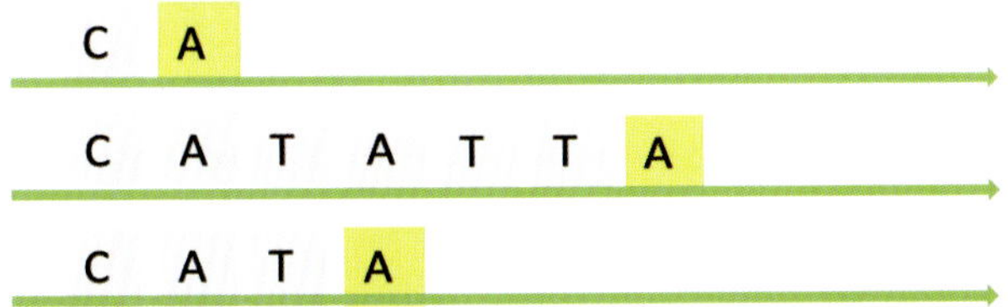

同样地，我们重复上面的步骤，分别在第二、第三、第四个试管中加入大量 A 链，和用不同荧光标记的双脱氧核苷酸 ddTTP（用粉色背景表示）、ddCTP（用蓝色背景表示）、ddGTP（用绿色背景表示）。

通过加热解开双链，在第二个试管中生成一些以碱基 T 结尾的短链。

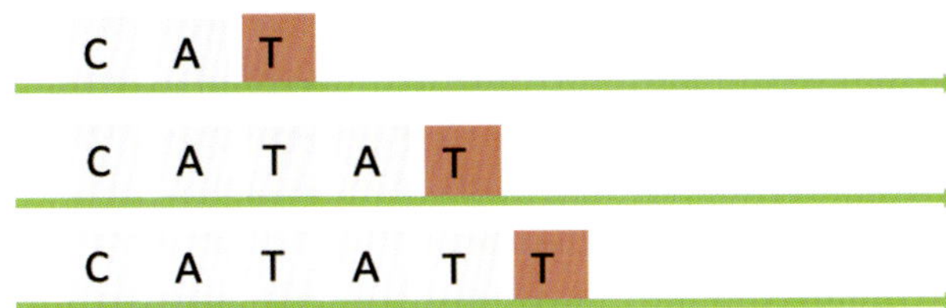

在第三个试管中生成一些以碱基 C 结尾的短链。

在第四个试管中生成一些以碱基 G 结尾的短链。

C A T A T T A G

第三步“片段电泳测序”

接下来，桑格再次让“蜗牛”赛跑了。上次桑格用的是纸色谱法，这次用的是电泳法。

将这四个试管内的产物，分成四行，滴到涂了电泳胶的电泳板上。然后，通电开启电泳仪。由于这些短链带着电荷，在电场的作用下可从一端向另一端迁移。

重点来了，不同长度的 DNA 链，这时候的表现是不同的。短的 DNA 链比较轻，游得远——这是爬得远的“蜗牛”。

长一点的 DNA 链比较重，游得近——这是爬得近的“蜗牛”。

这样一来，不同长度的 DNA 链就留在不同的位置，好比不同的蜗牛爬到不同的位置，“我要一步一步往上爬，等待阳光静静看着它的脸。小小的天，有大大的梦想，重重的壳裹着轻轻的仰望。”

不同的 DNA 分子就这样分行分列被区分出来，分布在不同的位置上。因为带有荧光标记，会在胶片上留下记号。

最后人们读取它就可以得到 DNA 的顺序：

小结这个过程就是：“若要测序 B 链，大量复制 A 链。双脱氧核苷酸，生长停于片段。单链电泳比赛，近远判定长短。桑格测序妙法，美名再次盛传。”

桑格在退休之后，喜欢园艺，我颇有点怀疑他会不会“牵着蜗牛去散步”——这个必须要有四层功力才行啊。

桑格的这个方法我们可以用一个诗歌的例子来类比。

我们来看唐朝诗人王维的《杂诗》中的前两句：

若要测序 B 链，大量复制 A 链。
双脱氧核苷酸，生长停于片段。
单链电泳比赛，近远判定长短。
桑格测序妙法，美名再次盛传。

jūn zì gù xiāng lái yīng zhī gù xiāng shì
君 自 故 乡 来 应 知 故 乡 事

PCR 聚合酶链式反应
DNA 序列
3' G T A T A A T C 5'
5' C A T A T T A G 3'
ddATP
ddTTP
ddCTP
ddGTP
利用双脱氧核苷酸生成编码短链
C A
C A T A
C A T A T T A
C A T
C A T A T
C A T A T T
C
C A T A T T A G
A
T
C
G
电泳
5' C A T A T T A G 3'

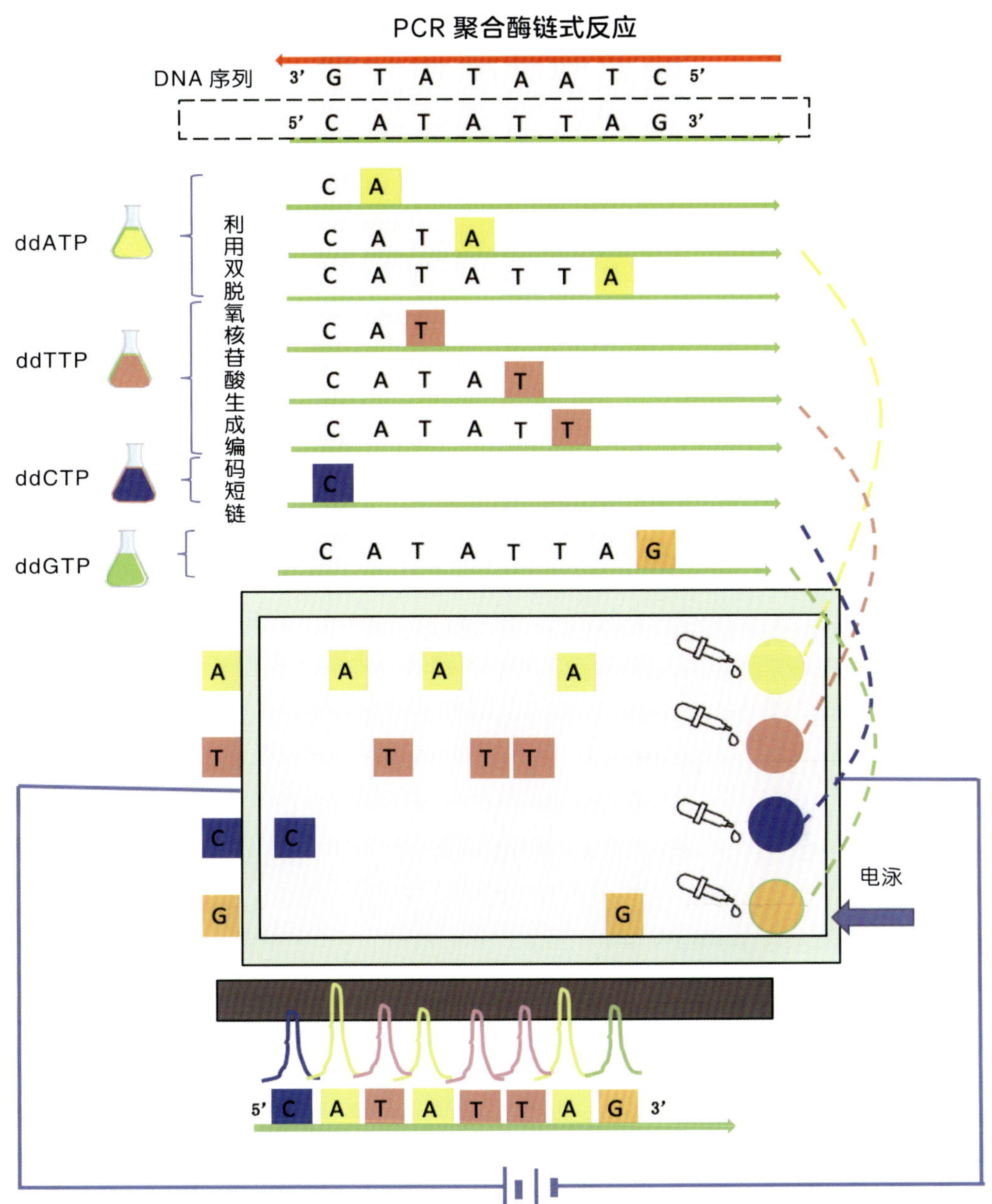

▲ 桑格测序法原理示意图

如果我们每次读到第一声就停下来，会有以下五个词句片段。用彩色背景表示停止的地方，灰色背景表示我们不知道里面的内容。

君

君自故乡

君自故乡来应

君自故乡来应知

君自故乡来应知故乡

如果我们每次读到第二声就停下来，会有一个词句片段：

君自故乡来

如果我们每次读到第三声就停下来，没有词句片段。

如果我们每次读到第四声就停下来，会有四个词句片段：

君自

君自故

君自故乡来应知故

君自故乡来应知故乡事

然后，将这些词句片段进行电泳，我们可以得到这个排列。从左到右念，就得到了诗句的准确次序。此刻，我有点突发奇想，难道王维诗中的“君”是寒梅树上的“蜗牛君”？

第一声	君			乡		应	知		乡	
第二声					来					
第三声										
第四声		自	故					故		事
以该字结尾的词句片段长度，即该字的位置	1	2	3	4	5	6	7	8	9	10

◀ 桑格测序法对应的唐诗范例

2

测序的进阶

桑格及其团队利用双脱氧核苷酸方法，在 1977 年完成了第一个基因组的测序——ΦX174 噬菌体，这是一种可感染大肠杆菌的单链 DNA 病毒。

ΦX174 噬菌体有 11 个基因，基因组中含有 5386 个核苷酸。

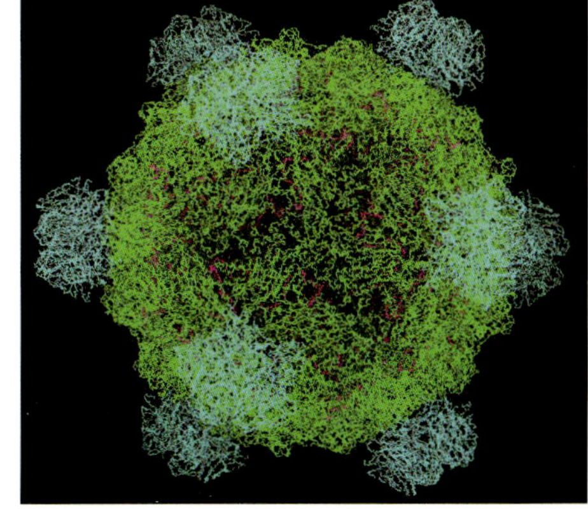

▲ ΦX174 噬菌体的显微镜照片

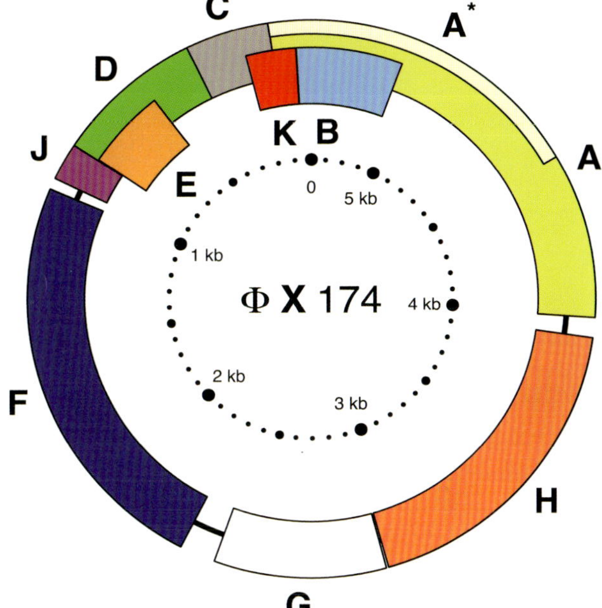

▲ ΦX174 噬菌体的 11 个基因图示（不同大写字母表示不同基因，0～5kb 表示 0～5000 个碱基的编号）

在对简单的病毒 DNA 进行测序之后，科学家把目标瞄准了更复杂的生物甚至人类，并发明了更为快速有效的测序方法。

2001 年，由美国、英国、法国、德国、日本和中国 6 个国家的超过 3000 名科学家共同参与，

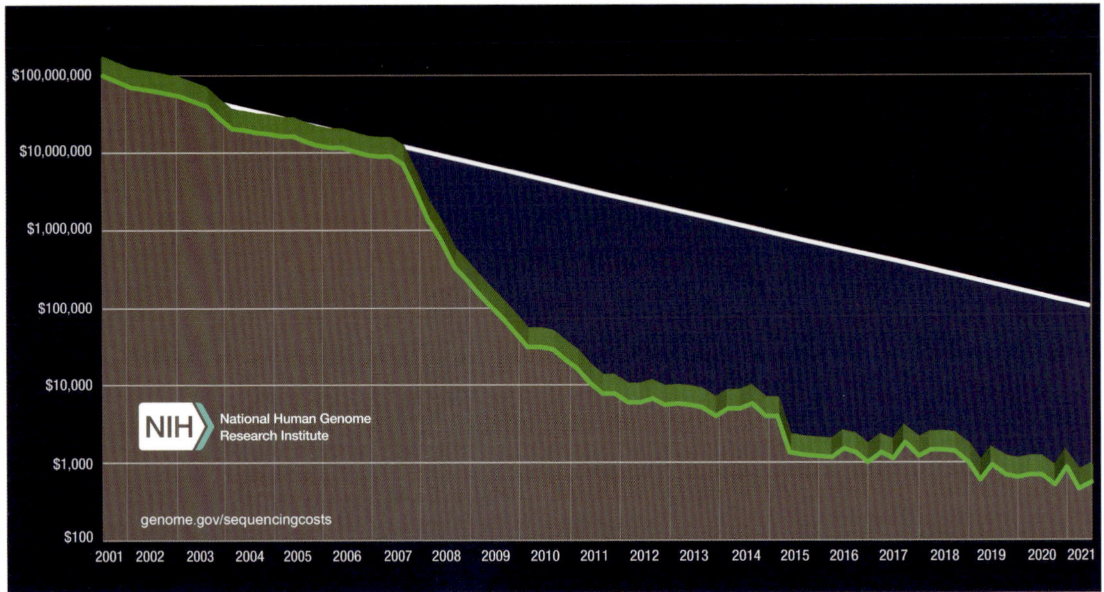

▲ 人类全基因组测序成本变化

耗时 13 年，耗费资金超过 30 亿美元，终于完成了首个人类基因组测序和图谱绘制。

2007 年，第一个中国人的基因组测序完成，耗时数月，耗资 300 万美元。

2007 年 5 月，从事人类基因测序的研究人员，为沃森做了个人基因测序，并把他的个人基因组序列的数字副本存入便携式硬盘，赠送给沃森。这个测列过程的成本为 100 万美元。幸好沃森是无需付费的，不然沃森把他获得的诺贝尔奖奖金拿出来也付不起这个高昂的费用。

过了 2007 年，测序成本急速下滑，整个领域迎来了一场疯狂的竞赛。到 2008 年，人类全基因组测序成本降至 20 万美元。到 2010 年，该费用已经可以控制在 10000 美元之内。2013 年，人类全基因组测序成本降到 1000 美元以下。

我们再来看看最新的纳米单分子测序仪，和 U 盘差不多大。

这个技术的关键点在于一种特殊的纳米孔。当 DNA 分子通过纳米孔时，电荷发生变化，从而短暂地影响流过纳米孔的电流强度。

每种碱基所影响的电流变化幅度是不同的。最后，高灵敏度的电子设备检测到这些变化，从而鉴定出所通过的碱基。

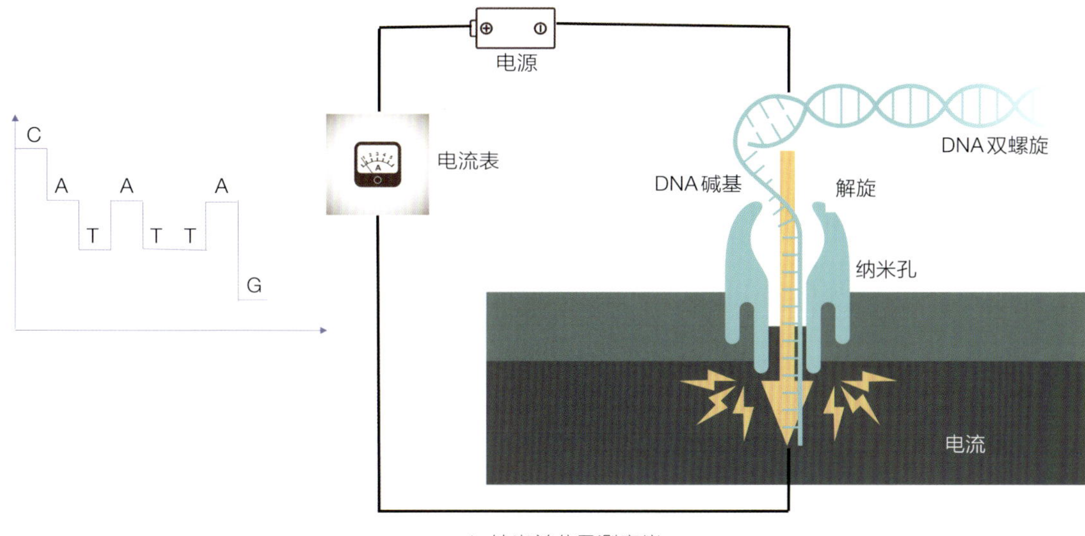

▲ 纳米单分子测序仪

3

基因突变

在 DNA 复制过程中，可能会出现错误的情况，比如漏了一个碱基，多插入了一个碱基，或者某一个碱基错了。

也可能会出现整段染色体被删除，重复复制，反转，染色体的某一段误插入到另一条染色体，或者两条染色体的片段互换的情况。

这些都是基因突变，会使细胞在制造氨基酸和蛋白质时，生成完全不同的氨基酸和蛋白质，也会造成基因的某些开关被不正确地打开或关闭。有时候，即使是一个碱基的突变，也会造成致命的影响。镰刀型细胞贫血就是某一个碱基突变引起的。

而唐氏综合征患者的第 21 对染色体有 3 条，比普通人多了 1 条。为了让大众对遗传病有更普遍的认识，每年的 3 月 21 日，被联合国设为“唐氏综合征日”。

基因突变有的是环境造成的（比如高能射线的辐射），有的是随机发生的。

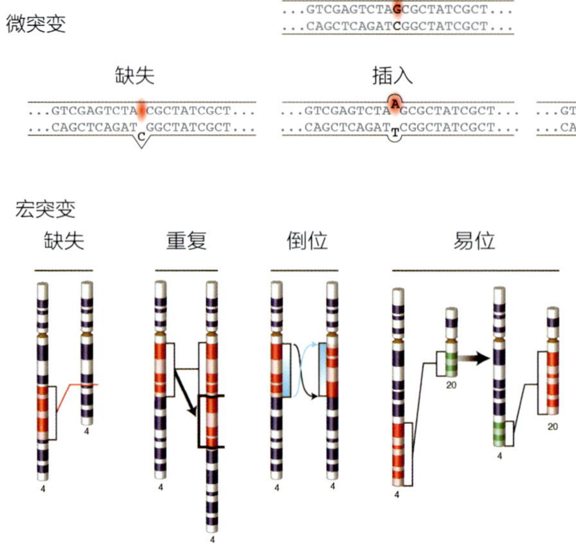

▲ 基因突变

要是生殖细胞中存在这种突变，突变就会被遗传给后代。如果发生基因突变的后代能够在环境中生存下来，这些突变就保存了下来，物种的部分演变就是这样来的。

《X 战警》中的金刚狼、万磁王、暴风女就是科幻作家笔下发生基因突变的人，他们有着异于常人的特异功能。

人类的第二号染色体融合了类人猿的两条染色体，这或许也缘于当年的一次突变，而且是一次非常成功的突变。所以，大家不要“谈变色变”，突变不等于坏事，我们祖先都是经历突变而产生适应性更强的后代！

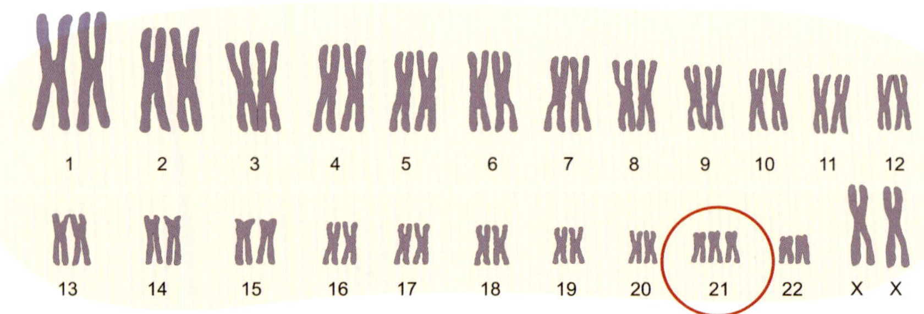

◀ 唐氏综合征病人的染色体

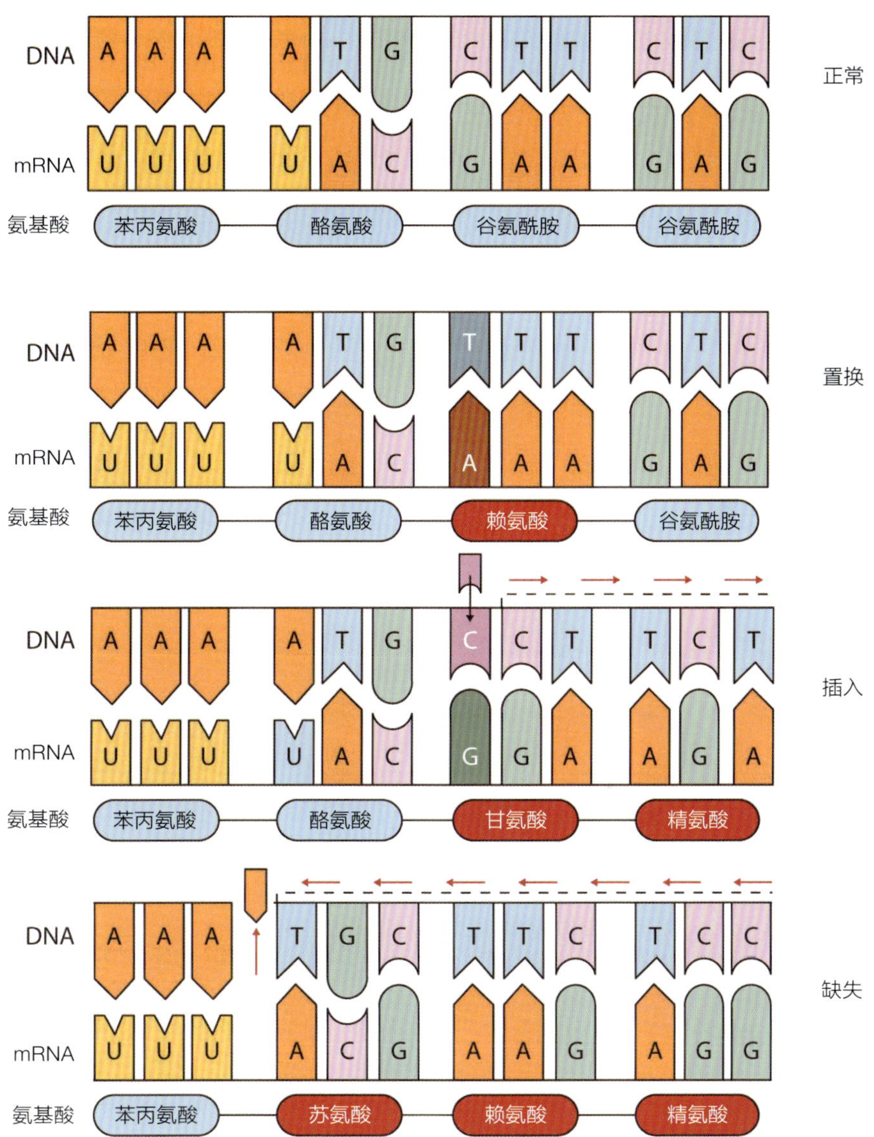

▲ 基因突变导致翻译过程中的氨基酸改变

4

垃圾是宝

当科学家得到了人类基因组之后，发现并不是所有的 DNA 信息都被编码翻译成蛋白质。用来控制蛋白质合成的 DNA 只是人体基因组内的一小部分。

有一位遗传学家用“垃圾 DNA”这一术语，来表示基因组中不编译任何蛋白质或酶的 DNA。而且他发现，越高等的生物，似乎“垃圾 DNA”越多。20 世纪 70 年代，科学家估计我们人体 DNA 中有 98% 属于这种“垃圾 DNA”，而细菌中的 DNA 将近 90% 都是明确用来编码的。

为了证明“垃圾 DNA”无用的说法，有人做过一个实验，把小鼠基因组中的一部分“垃圾 DNA”去掉，结果小鼠照样活蹦乱跳。这个实验似乎说明至少有一部分“垃圾 DNA”确实没用。

不过也有人反驳说，实验室条件下小鼠确实不需要那么多 DNA 就能活得很好，这些“多余”的 DNA 其实是为特殊情况准备的，是小鼠的急救包。

▲ 生物体中未用作蛋白质编码的 DNA 所占比例

为了搞清楚这些不编码蛋白质的DNA是不是真的垃圾，美国启动了一个“DNA元件百科全书”数据库计划（ENCODE）。

全世界32个实验室的442名研究人员合作努力，历时9年，分析了140种不同的人体细胞，从中发现了400万个基因开关和功能调节因子，相关基因占人类基因组总长度的18%～19%。这些调控位点可以和DNA转录酶结合，共同决定某个基因何时产生作用，以及相关酶活性的高低。除此之外，人类细胞中还活跃着很多小分子RNA，它们可以和DNA或者各种酶分子相结合，参与基因功能的调控过程。这些小分子RNA也由部分“垃圾DNA”转录合成。人类80%的DNA与至少一种生化功能有关。

“垃圾DNA”不垃圾。这是为“垃圾DNA”正名的高光时刻。

那么，剩下的20%是否就真的是“垃圾DNA”呢？也未必。科学家相信，如果将研究范围进一步扩大到所有细胞类型，也许会发现剩下的20%或多或少地参与了基因功能的调控。

如果我们将一把小提琴穿越时空传送到10万年前，那时的古人看到后，是不是也会觉得这是“垃圾”？因为小提琴不能吃，不能穿，也不能用来打猎。所以，所谓“垃圾DNA”，或许只是未被认识的宝藏。

或许，“垃圾DNA”里面，是早期生物的DNA“日记”，而我们读了千遍，至今没有完全读懂。

或许，等人类读懂了这本“日记”的所有内容，科技和文明会上升到另一个层次，“造物”这个神圣的词，成了实验室里一种司空见惯的技术。到了那时，我们对于生命的来处，对于生命的未来，会有更清晰的理解。到了那时，回头再看，如今的技术，如今的芸芸众生，皆是微光——所幸他们曾经闪亮过。

一定有些什么　在叶落之后
是我所必须放弃的
是十六岁时的那本日记
还是　我藏了一生的
那些美丽的如山百合般的　秘密
——席慕蓉《如歌的行板》

科学家 霍利、桑格

模式生物 无

硬核知识
1. 双脱氧核苷酸后不能连接核苷酸，会终止DNA的延伸。
2. “垃圾DNA”不垃圾。

顺口溜
1. 脱去双氧核苷酸，挂在末尾做标签。二三位置都无氧，望洋兴叹不成键。
2. 若要测序B链，大量复制A链。双脱氧核苷酸，生长停于片段。单链电泳比赛，近远判定长短。桑格测序妙法，美名再次盛传。

思考题 如果某一个密码子第三个位置上的尿嘧啶U发生置换突变成了胞嘧啶C，会有什么后果？

《“垃圾DNA”》

万卷长诗，
不是所有的文字，皆有指向，
不是所有的意象，一目了然，
而看似无足轻重的标点，可能意味深长。
一部长剧，
不是所有的角色，都已交代明白，
不是所有的情节，都在你的想象，
而那些欲说还休的留白，
有一天峰回路转。

三十亿节的长链，
在生命的长河里时隐时现，
每一处回流，都是暗语？
每一段险滩，都有故事？
我们来自哪里？
如果基因是我们依赖的载体，
我们可是基因的传承的器具？
那些隐晦的比喻，何人何时能够看穿？

第15讲

创生记

我们这个无数分子的集合体

感受着、思考着、赞叹着、

疑惑着我们如何来到这里。

◉ 尼克·莱恩

1

米勒的原始汤锅

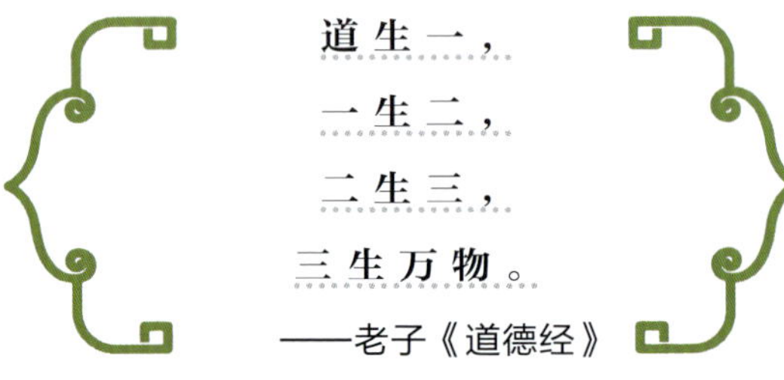

生命从哪里来？

这是一个科学的问题，也是一个哲学的问题，是生物学的第一“天问”。

最早的细胞是怎么产生的？

遗传物质的 RNA、DNA 是怎么拼出复杂的密码的？

蛋白质是怎么从氨基酸、多肽链盘绕折叠形成的？

我们这里讲的第一个实验，探讨氨基酸形成。

这个实验是由一对师生设计完成的。老师叫尤里，曾经得到过玻尔的指点和培养。因为发现氢的同位素氘（重氢），于 1934 年获得诺贝尔化学奖。

◀ 哈罗德·尤里（1893—1981）
▼ 斯坦利·米勒（1930—2007）

他在芝加哥大学上课时，曾经举办一次讲座，讲到太阳系的起源和地球原始大气中可能的有机物合成，让教室里的一个博士生灵感迸发。这位学生叫米勒。

1952 年，米勒和尤里一起设计了一个模拟实验（Miller–Urey experiment），模拟在原始地球大气中进行雷鸣闪电能产生有机物（特别是氨基酸），以论证生命起源的化学反应过程。当年米勒年仅 22 岁。

我们知道，有机物（如氨基酸，蛋白质，DNA，RNA，多肽，纤维素，等等）是构成生物的基础物质。

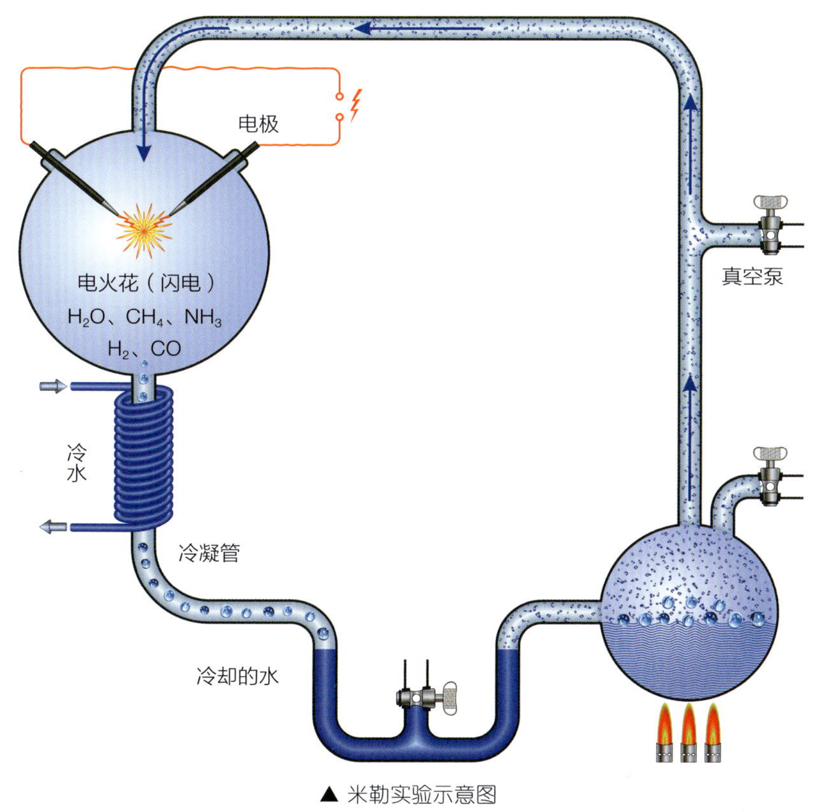

▲ 米勒实验示意图

他们在一个密封的装置内，注入甲烷、氨、氢气以模拟原始大气成分，利用小烧瓶中的水模拟原始海洋，用酒精灯加热烧瓶模拟地热活动，促使水蒸气形成，进入大烧瓶。然后，电极持续产生电火花，模拟电闪雷鸣。之后，模拟大气冷却，大气中的成分冷凝成溶液进入设备底部的 U 形阱中。

考虑到生命起源是个非常漫长的演变过程，米勒本来预计实验会进行很长时间，但没想到 U 形阱中的溶液一天后就变成粉色，一周后就变浑浊了，成了一锅“原始汤”。米勒提取这个“原始汤”进行检测，发现了有机物和氨基酸——这是“无中生有”，从无机物中生出了有机物。

很短时间内，他们得到了 20 种有机化合物，其中有 4 种（甘氨酸、丙氨酸、天冬氨酸和谷氨酸）是生物的蛋白质所含有的。

这是一锅盛满“黑暗料理”的“原始汤”。

米勒的实验在当时很有创新性，启发科学家沿着化学进化这一方向进行更深入的研究，去探索生物分子的非生物合成。他们的成果登上了当年《时代》周刊的封面。

2007 年米勒去世后，他的学生“继承”了他的实验装置，通过更精密的仪器测试，发现该方法可产生 40 多种氨基酸——这锅汤里的“黑暗料理”居然远远超过生命所需。

米勒曾经因为这个实验，被多次提名诺贝尔奖。为了纪念他，国际天体生物学会设立了“斯坦利 · 米勒奖”，奖励 37 岁以下的年轻科学家。

虽然米勒实验证实由无机物合成小分子有机物是完全有可能的，但这仅仅碰触到了化学进化的冰山一角，还远远不能完全揭示生命的奥秘。

首先，很难证实米勒模拟的大气状况完全符合真实情况，据说米勒自己也曾经指出：“这些见解只是推测，因为我们根本不知道地球当初形成时，大气是否处于还原状态……目前还没有直接的证据证实这一点。”

其次，即使米勒实验的模拟是成功的，无机小分子可以生成有机物小分子，但也只是为历史上的生命来源提供一种可能性。米勒和尤里在发表关于该经典实验的文章时，采用的题目为“在可能的早期地球环境下之氨基酸生成”，表明相关推论只是一种可能的猜测。

化学进化的另一种可能方式是新泛种论，这种理论认为在地球早期演化过程中，星际有机分子进入地球，“一石西来，天外飞仙”，带来了萌芽的生命和它所需的原料。

最后，假设米勒解决了氨基酸形成的问题，他距离生命起源的真正答案仍然很遥远，因为随着科学研究的进展，人们已经证明了 DNA 和 RNA 才是遗传物质，是它们指导氨基酸合成蛋白质。

“米勒尤里实验，火花就是闪电。慢煮原始浓汤，蜡烛模仿火山。无机变成有机，生成多种氨酸。”

那么，DNA 和 RNA 是怎么产生的呢？

米勒尤里实验，火花就是闪电。
慢煮原始浓汤，蜡烛模仿火山。
无机变成有机，生成多种氨酸。

2 施皮格尔曼的怪物

我们先假设化学进化学说是对的，那么由无机物可以得到简单的有机物小分子，后者将进一步构成具有生物功能的大分子。那么，最先出现的生物大分子又是哪一种？

1967 年，施皮格尔曼在试管中制造出了一种“怪物”，给了人们一种思路。

施皮格尔曼用一种编号为 Qβ 的噬菌体做实验。这种病毒的基因中含有 4217 个核苷酸。

施皮格尔曼向试管中的噬菌体添加复制酶和核苷酸，病毒连续进行几轮自我复制后，一个突变体出现了。这个突变体小一些，核苷酸数目少一些，但它的复制速度比原来的病毒快得多。复制速度快是一种生存竞争优势。

随后，另一个更小的变体出现，并替换了前一个变体。

由于整个实验在试管内进行，底物资源有限，噬菌体的 RNA 分子越短，复制所需要的能量、物质与时间就越少，复制出的总量就越大，所占比例也就越高。

最后，病毒演化成为一小段只有 220 个核苷酸的 RNA，它是能进行自我复制的最小单位。这个“试管小怪物”只要条件允许，就可以继续高速地复制，比原来的噬菌体更有生存优势。

施皮格尔曼的实验，好似领着我们时光逆转，看到 RNA 分子还是很小单位的时候，是如何生机勃勃的。

从一个大厨的眼光来看，施皮格尔曼的这例清汤，与米勒那锅火山炖煮、雷电加持的浓汤相比，制作工序要简单得多。

▶ 索尔·施皮格尔曼
（1914—1983）

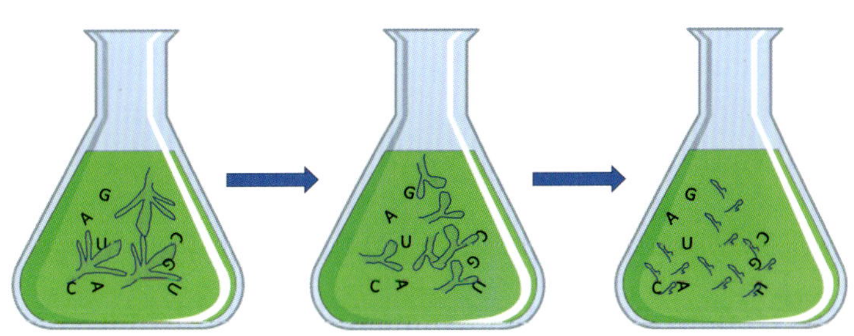

▲ 施皮格尔曼实验

RNA 作为很多病毒的遗传物质载体，既有 DNA 的自我复制能力，又具有蛋白质的催化性质。科学家推测 RNA 可能是 RNA、DNA 和蛋白质这三者中最古老的分子，在起初时“既当爹又当妈”，同时承担了 DNA 和蛋白质的功能。后来渐渐出现形态功能的分化，分别衍生出了 DNA 和蛋白质。

1986 年，诺贝尔奖得主吉尔伯特提出“RNA 世界”一词，认为在生命创生的过程中，RNA 先出现。

3

叫一声 LUCA 祖宗

大约 35 亿年前，出现了一种含有基因组的生命体，该生命体被称为所有生命的共同祖先“露卡”（LUCA，last universal common ancestor of all life）。LUCA 的基因组由制造 RNA 和蛋白质的结构组成。

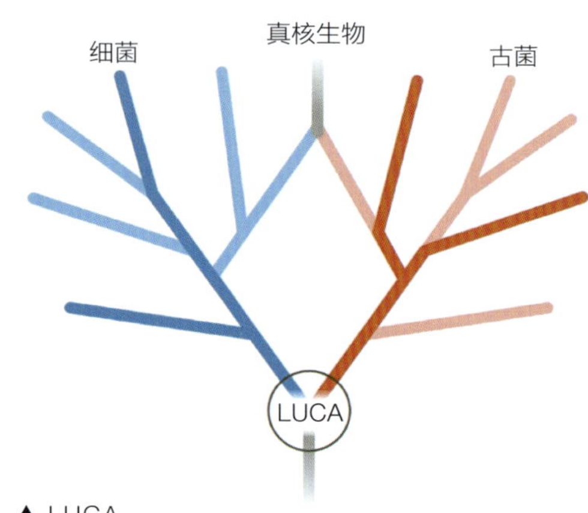

▲ LUCA

虽然与我们所知的现代生命长得不一样，但是，LUCA 拥有许多在现代生命中仍可找到的核心体系，包括蛋白质制造体系。

接下来可能发生的情况是，LUCA 体内类似病毒的部分机体，吸附了细胞膜而变成了简单的细胞。

距今大约 15 亿年前，一只古菌“吞食”了一只细菌，但并没有杀死它。相反，它们携手形成了一种共生关系，细菌的后代逐渐担负起了一个重要角色——线粒体，成为细胞内供应能量的“工厂”。

因为这一次相遇，复杂的生命开始出现。

4

把 46 亿年过成一天

因为没有人真正目睹生命形成的过程，前面介绍的应该说都只是假说和理论，不是绝对的事实。

如果把地球46亿年历史，压缩成一昼夜24小时，会发生什么？你眼里的世界就像一部卡通影片。

0:00，太阳系刚刚形成，剩下的星云残骸开始逐渐融合到一起，原始的地球像一个滚烫的煤球出现了。

0:47，地球表面开始慢慢冷却，固体地壳也逐渐形成。

1:50，大气层温度渐渐趋于稳定，地球下起一场持续百万年之久的滂沱大雨，所有的水源汇聚在一起，并形成了早期的原始海洋。

3:00，在海底最深处火山口的边缘，一群有机分子悄然出现。米勒实验产生的氨基酸，施皮格尔曼怪物，都出现在此刻。

5:00，所有细胞的祖先“露卡”诞生了。

下午4～5点，一个细菌被某一个古菌捕获。这个故事，我们将在下一讲中展开叙述。

晚上8点半左右，夜幕中，复杂的多细胞生物开始出现。而后，寒武纪的生物蓬勃生长，但又分别在奥陶纪、泥盆纪、二叠纪和三叠纪的末期经历了共四次的大灭绝。之后两栖动物在水陆间游刃有余，爬行动物在陆地游荡，昆虫在空中翩翩起舞，恐龙成了王者。

晚上11:39，一个直径达10千米的陨石撞上了地球，巨大的冲击力引发了毁灭性的灾难，古生物“明星”恐龙灭绝。

晚上11:40，一只浑身覆盖着毛发、外形像老鼠的小动物在灾难中幸存了下来，它是如今所有灵长类动物的共同祖先——始祖兽。

晚上11:59:22，人属的第一个动物，在地球上站立了起来。

晚上11:59:58，拥有思维能力的早期智人，在非洲大陆上狩猎。

在最后的0.1秒，人类文明陆续出现。

在最后的0.002秒，科学家提出了进化论、遗传学基本定律、染色体理论、DNA双螺旋结构、基因编码理论、DNA测序技术、生命来源假说……

如果你把各种生命看作是DNA的一种形式或者容器，你会发现在地球和生物的漫长历史中，DNA利用变异来探索各种生存的可能，通过遗传繁衍后代，在环境的变化中进行各种各样的演化，一步步成就了如今的世界，此刻的你我。

而此刻的你我，是石火光中的一刹那。这一刹的火花，又会如何延续？

科学家 尤里、米勒、施皮格尔曼

模式生物 噬菌体

硬核知识

1. 米勒实验探索了无机物产生氨基酸的过程。
2. “施皮格尔曼小怪物”是能快速复制的 RNA 分子。
3. 露卡（LUCA）是所有生命的共同祖先。

顺口溜 米勒尤里实验，火花就是闪电。慢煮原始浓汤，蜡烛模仿火山。无机变成有机，生成多种氨基酸。

思考题 用拟人的方法写一篇关于“施皮格尔曼小怪物”的短文。

《创生记》

要有氢，
鸿蒙中诞生的第一元素，
来自燃烧的星，
轻捷，
可以赶上闪动的灵犀。
要有碳，秉性持中，
不偏不倚，不急不缓，
得失之间从容淡定。
要有氮，
氮进氮出，
平衡，方可氨生。
要有氧，
去预设一次相遇，
将烈火的氢化成一池水的柔情。
还要有磷，
在冷光中，看登天的梯子，
一层层架起。
当这些简单的事物俱备，
请来火山喷涌，电闪雷鸣，
飞上天堂，也坠落炼狱。
然后，让一锅浓汤慢慢冷却，
你给我时间，我便给你创生的惊喜。

第16讲

那一次的相遇

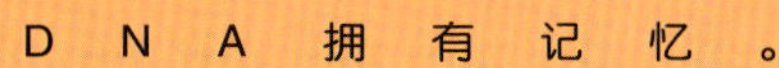

DNA拥有记忆。

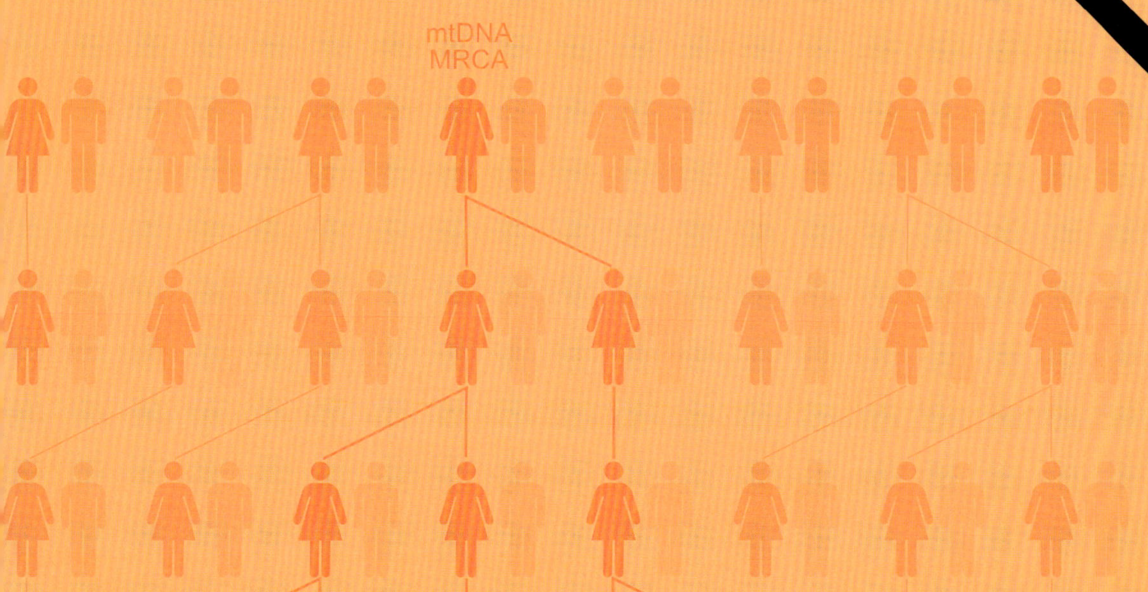

偶 遇

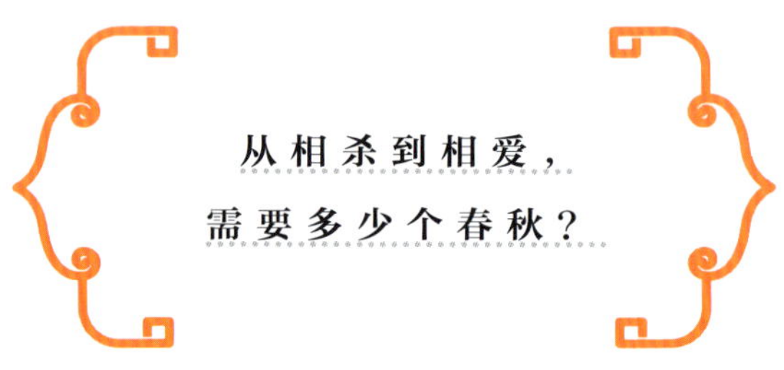

我们先来讲一个故事。

话说有一户殷实之家。有一天，这户人家里闯进了一个小偷。主人家把小偷抓住后，并没有报警，也没有将他扭送到“派出所”，而是把他留了下来，动之以情，晓之以理，唱起了“我们是相亲相爱的一家人，有福就该同享，有难必然同当，用相知相守换地久天长”。最后，他们真的成了一家人地久天长了。

听了这个故事，你是不是会说不可能的，胡编的?

其实这个故事的主人公就是我们的细胞，故事在 15 多亿年前发生了。

在细胞中，有一个很神奇的细胞器，叫线粒体（mitochondria）。这个细胞器，是生物的“动力工厂”，细胞活动、生长需要的能源就来自那里。

生物学界对于这个细胞器的来源，有一种流行的观点：很多年以前，生物的共同祖先——某个

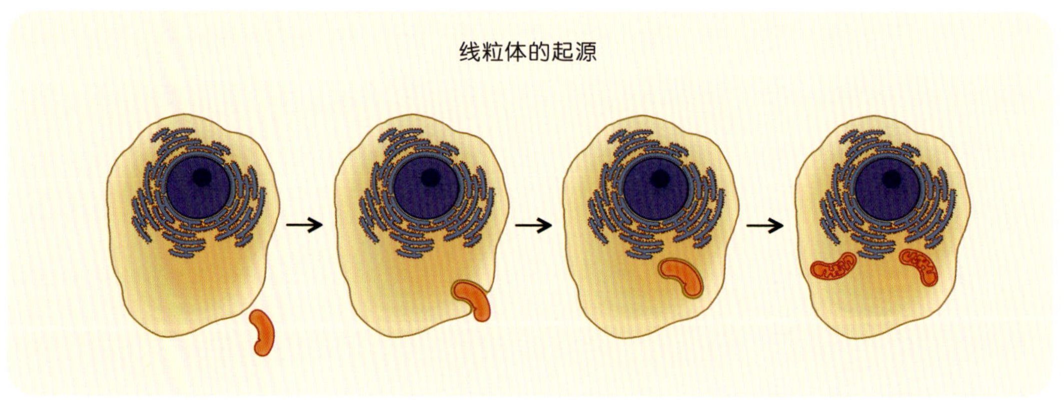

▲ 细胞和线粒体

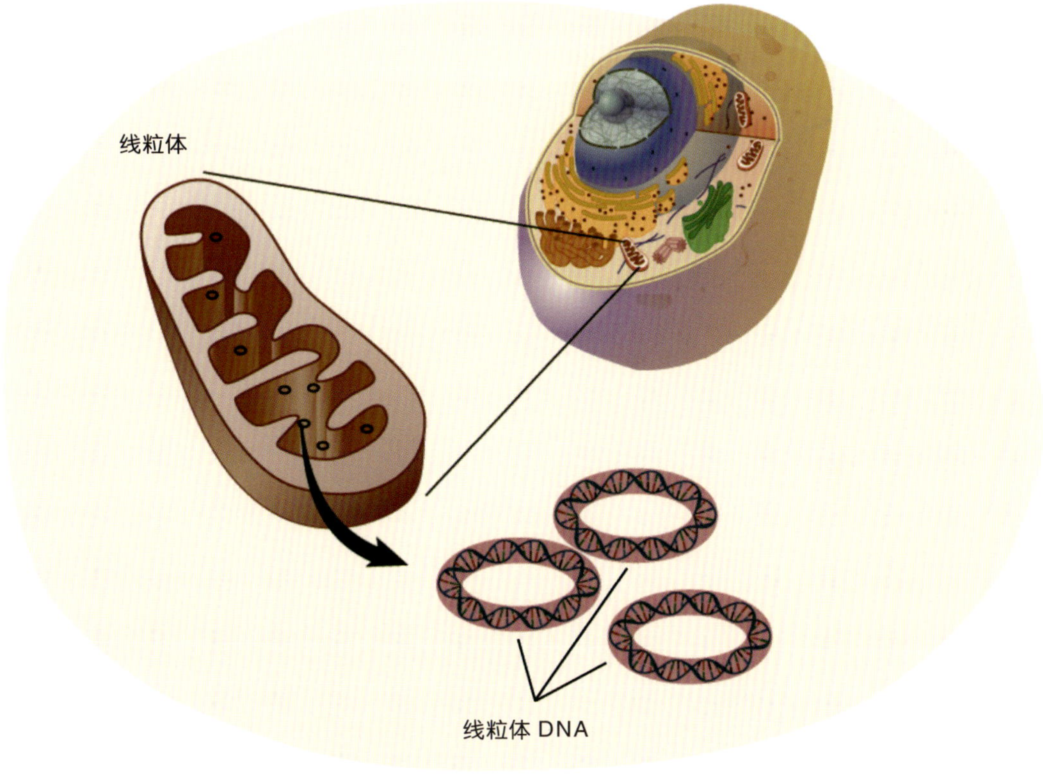

线粒体

线粒体 DNA

单细胞生物中，闯进了一个细菌。

在和细菌搏斗的过程中，细胞发现细菌有一个大能耐：有氧呼吸。这个有氧呼吸的功能能够为细胞提供能量，对细胞大大有益。

而细菌发现单细胞地儿大，有完备的设施，有细胞膜遮风挡雨，有细胞质随意畅游，有细胞核存放传家之宝。

我们不知道“动之以情，晓之以理”的细节，反正最后的结果是，它们居然和平共处，共生共存了。

这叫“内共生”——这是合为一体了，感情比“相濡以沫”还深。

15 亿年，可算是地久天长了——岔开一句，植物体内的叶绿体，科学家推测也是源于类似的故事。

正所谓“线粒体，叶绿体，内共生，谱传奇”。

2

动力工厂

线粒体的形状多种多样，一般呈线状，也有粒状或短线状。线粒体的英文 mitochondria 来自两个希腊词根，mitos 是线状的意思，chondria 是粒状的意思。

根据目前的研究，线粒体最早是嗜氧细菌，进入原始真核生物细胞后，与细胞形成了共生关系，然后就一直随着细胞不断演化直到现在。

从生物化学的角度来看，线粒体能够将生物体消化吸收的营养，通过化学反应，变成能量。这个能量是存储在一个叫做 ATP 分子上的。当 ADP 分子上面接上一个磷酸基团，生成 ATP，新加入的磷酸基团会与 ADP 形成一个高能磷酸键（能量大于 29.32kJ/mol）。

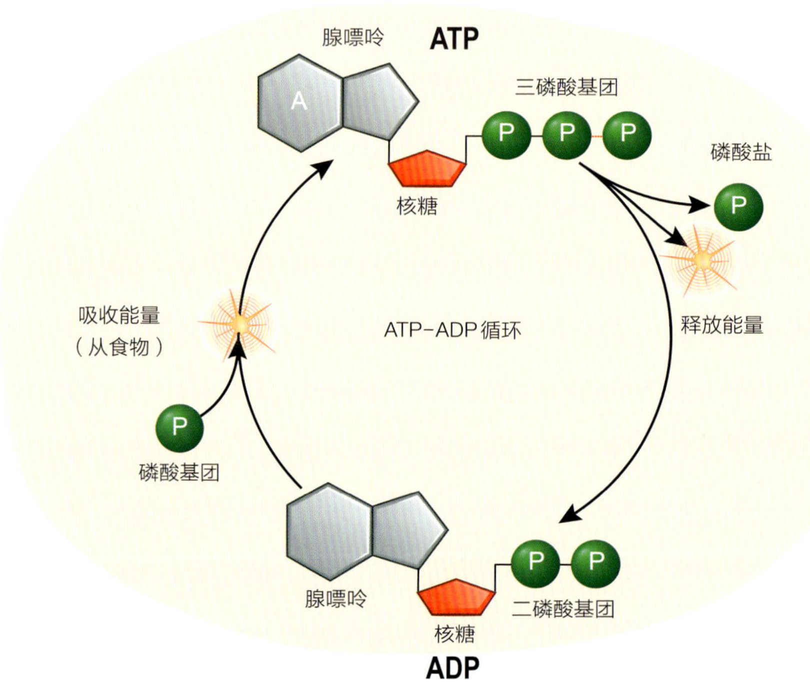

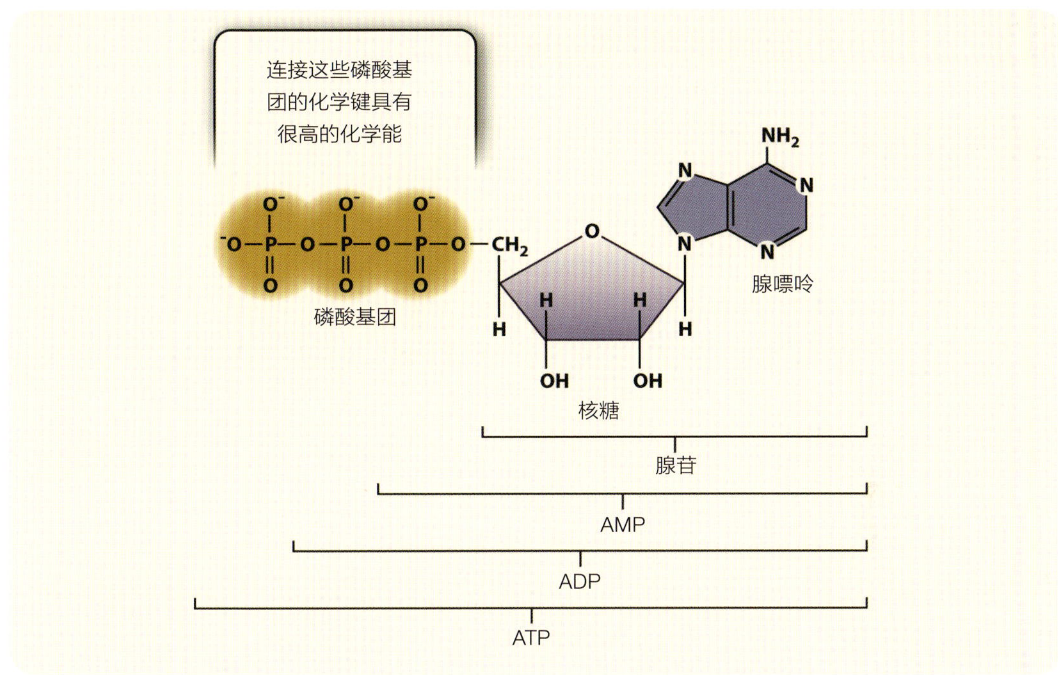

▲ AMP, ADP, ATP（区别只是分子中的磷酸根数量）

ATP 发生水解时，释放一个磷酸根，同时释放能量，形成 ADP。你走路，写字，眨眼睛，甚至神经细胞的活动，使用的大多是 ATP 水解时产生的能量。ATP 的反应机制是英国科学家米切尔发现的，他因此获得了 1978 年诺贝尔化学奖。

我们身体的每一个细胞能拥有数十个，甚至数百个线粒体，它们是我们生存的关键，能够为肌肉组织、大脑器官等供应能量。在细胞质中，线粒体常常集中在代谢活跃的区域，因为这些区域需要较多的 ATP。此外，代谢活跃的细胞，如肌细胞中也有很多线粒体。

大家看这个 ATP 是不是和之前的核苷酸“一手举盾牌、一手举长剑”图形很像?

没错儿。AMP（单磷酸腺苷）由 1 分子腺嘌呤、1 分子核糖和 1 个磷酸根组成，AMP 的磷酸根与新的磷酸根连接，就成了 ADP（二磷酸腺苷），再多连接一个磷酸根，就成了 ATP（三磷酸腺苷）。

M（mono）是一个的意思，D（di）是两个的意思，T（tri）就是三个的意思。这个“武士”手上的剑越来越长，威力越来越大。

“A 腺苷，T 乘三，P 磷酸，能量藏在化学键。”

3

这里也有 DNA

线粒体除了是细胞的“动力工厂”，还有一个神奇之处。

1963 年，科学家在线粒体中发现了 DNA（mtDNA）。我们知道作为遗传物质的 DNA，通常是存在于细胞核中的。线粒体只是一个细胞器，在细胞核之外，居然也有 DNA，而这一 DNA 长度大约为 16569 个碱基。

而后，科学家又在线粒体中发现了进行 DNA 复制、转录和蛋白质翻译的全套装备：

- RNA
- DNA 聚合酶
- RNA 聚合酶
- tRNA
- 核糖体

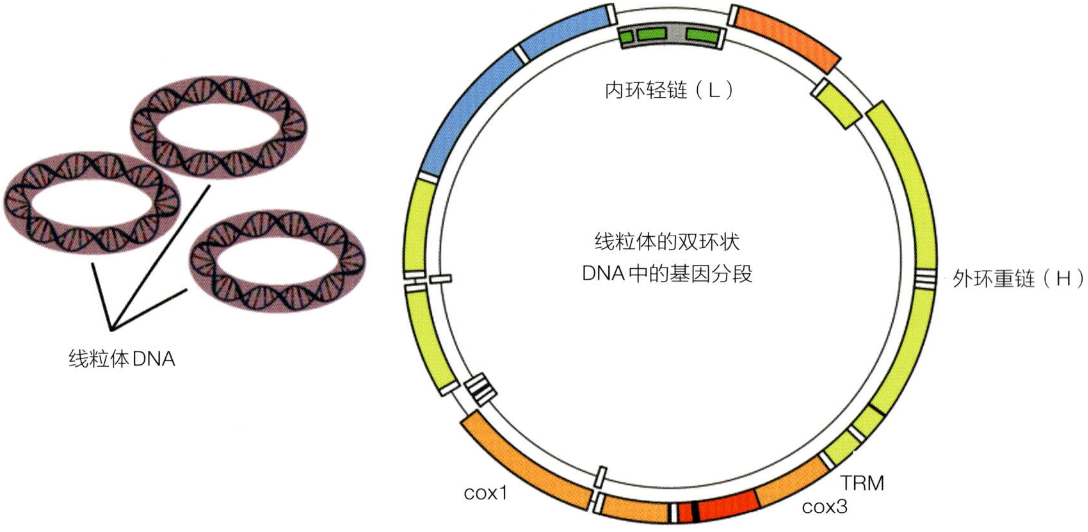

线粒体 DNA

内环轻链（L）

线粒体的双环状
DNA 中的基因分段

外环重链（H）

TRM

cox1

cox3

▲ 线粒体的 DNA 结构

这些说明线粒体具有自身独立的 DNA 和遗传体系。这是一个有很多“自主权”的特区啊。

线粒体 DNA 分子是环状双链 DNA 分子，外环为重链（H），内环为轻链（L）。从各方面来看，都很像细菌 DNA。

线粒体 DNA 还有一个特点：来自母亲。

人体有 23 对染色体，其中 22 对是常染色体，外加 1 对性染色体。一半来自父亲，一半来自母亲。

但是，线粒体 DNA 是由母亲的卵细胞遗传给孩子的。

线粒体 DNA 一般很少发生改变，平均要过 2 万年，线粒体 DNA 才会发生微小的变异。

通过追溯成千上万年积累下来的细微突变，我们可以找出哪些人种是密切相关的。

基于这个特性，科学家对世界不同地区和民族的女性进行线粒体 DNA 调查，确定现代人的线粒体来自约 10 万 ~ 15 万年前的一位女性。这位人类的最晚共同母系祖先，被称为“线粒体夏娃”——一位非洲女性。

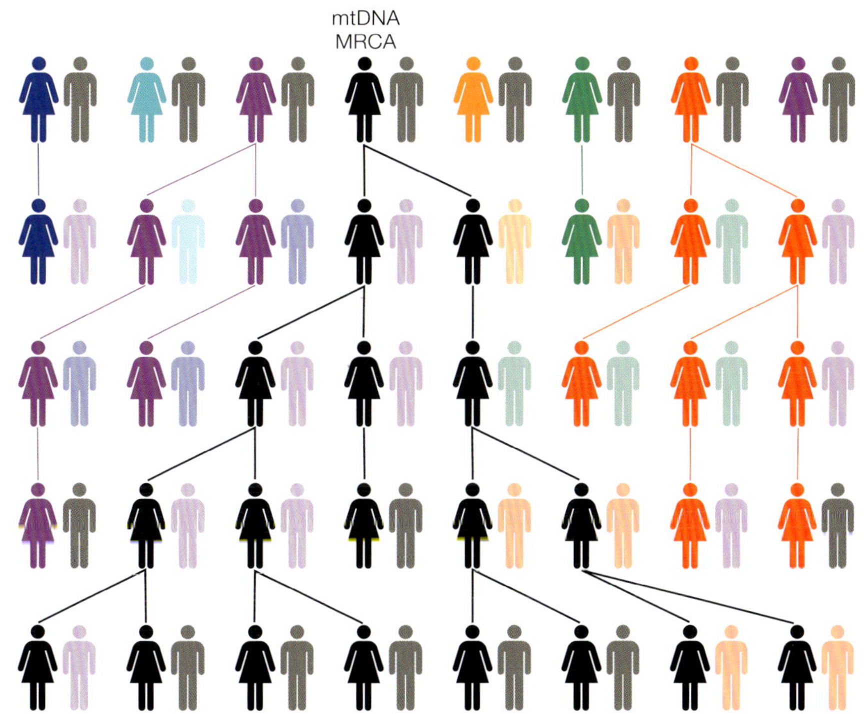

▲ 寻找“线粒体夏娃”

我们不要被夏娃这个名称误导。和《圣经》中的夏娃不同，她并不是那个时期地球上唯一的女性，那个时期生活着成千上万和她一样的女性，遗憾的是其他女性的线粒体信息没有能够传承至今日，她是唯一一个将自己的线粒体基因遗传至今的女性。

因为单细胞生物和细菌的相遇，才有了复杂的细胞和生命，才有了几十亿年之后的我们，以及“线粒体夏娃”留下的痕迹。

夏娃是怎么炼成的

在关于性别那一讲中，我们追溯人类的 Y 染色体，发现现存所有人类的最晚共同父系祖先是 24 万年前生活在非洲的一名男子，那是人类“Y 染色体亚当”。

看来，我们真的应该唱“我们是相亲相爱的一家人，有福就该同享，有难必然同当，用相知相守换地久天长”了。

不过，这位“Y 染色体亚当”应该没有机会和“线粒体夏娃”见面，因为他们生活在不同的时代。

正在读这本书的男生，请听好了：如果你幸运的话，如果你传承下去的每一代都有男性后代，或许你能成为几十万年后地球人的共同父系祖先——“Y 染色体亚当”。

而女生，如果你的后代中每一代都有女性后代，或许你能成为“线粒体夏娃”。

“哦，原来你也在这里”——亚当夏娃们，很荣幸我们在这段文字里相遇。

希望这本书上的故事，可以为你提供学习生物学的动力，产生 ATP。

感谢那一次的相遇，也感谢这一次的相遇。

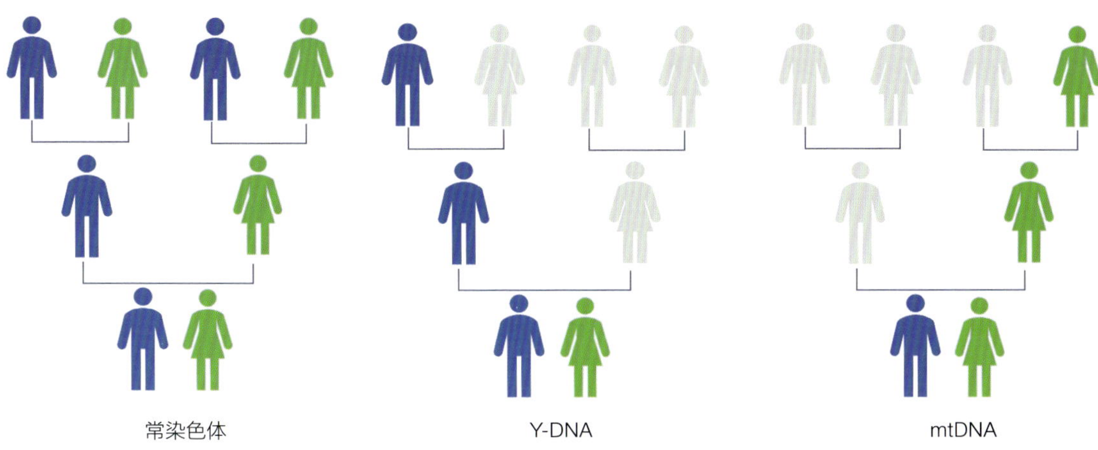

▲ 常染色体的遗传不分性别
Y 染色体“传男不传女”
线粒体染色体“只在女性中永流传”

科学家 米切尔

模式生物 无

硬核知识
1. 线粒体来自 20 亿年前细胞捕获的嗜氧菌。
2. 线粒体是产生 ATP 的能量工厂。
3. 线粒体的 DNA 来自母亲。

顺口溜
1. 线粒体，叶绿体，内共生，谱传奇。
2. A 腺苷， T 乘三， P 磷酸，能量藏在化学键。

思考题 用拟人的方法写一篇关于线粒体的短文。

《线粒体夏娃》

是一场偶遇，还是注定的沦陷？
经过了多久的爱恨情仇生死纠缠？

多年后，因为你，
才有了生机和氧气。

似线，一段段断不开的舍离，
似粒，一颗颗明月下结成的珠玉，

每一次凝眸，每一回蹙眉，
每一声呼吸，
都在体内风暴骤起。

若溯流而上，
将内心的密码层层展开，
敲醒远古的门环，
应门之人，名叫夏娃。

第 17 讲

回文剪刀手

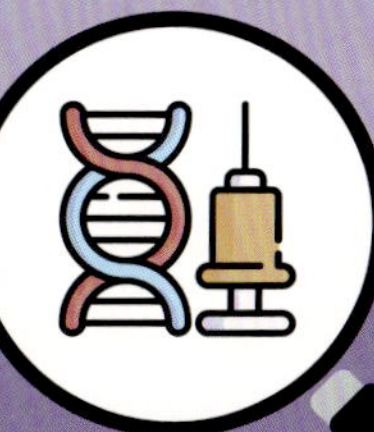

想知道

关于自己和这个宇宙的真相吗？

只需学习了解

你的DNA，

你就会知道答案。

谁写的精妙回文？

我们先来看一副有名的对联。

上联：客上天然居，居然天上客
下联：人过大佛寺，寺佛大过人

上联与下联顺着读和倒过来读都是一样的。

还有一副很难对的上联，你试试看能对出来吗？

上联：上海自来水来自海上

我们再来看英文里两个有趣的句子。

A man, a plan, a canal – Panama
Madam, I'm Adam

它们各自倒过来后，字母排序与原句中的相同。

这在文法中叫做回文（palindrome），具有首尾回环的性质，正着读和倒着读，是一样的。这种例子在很多语言应用中都存在。

看到这样的回文，我们的第一反应是惊奇于作者的巧思。这肯定经过作者的再三推敲和深思熟虑。这样的回文，肯定不会随随便便产生的。

言归正传，让我们回归到遗传学。

1987 年，日本的一位研究人员石野良纯在研究大肠杆菌的 DNA 序列时，发现了一段很奇妙的“回文”片段。没错，是十几到几十个碱基长度的回文！而且，并不只出现一次，而是每隔一段 DNA 就会反复出现。

TCCCCGCTGCGCGGGGA

AGGGGCGCGTCGCCCCT

细心的你可能已经发现，这段字符串倒过来读，和原字符串不一样啊。

在 DNA 中，回文的意思是序列倒过来后正好和原序列碱基配对，或者是相同。当然，偶尔其中也会有几个碱基不是很严格配对或相同。

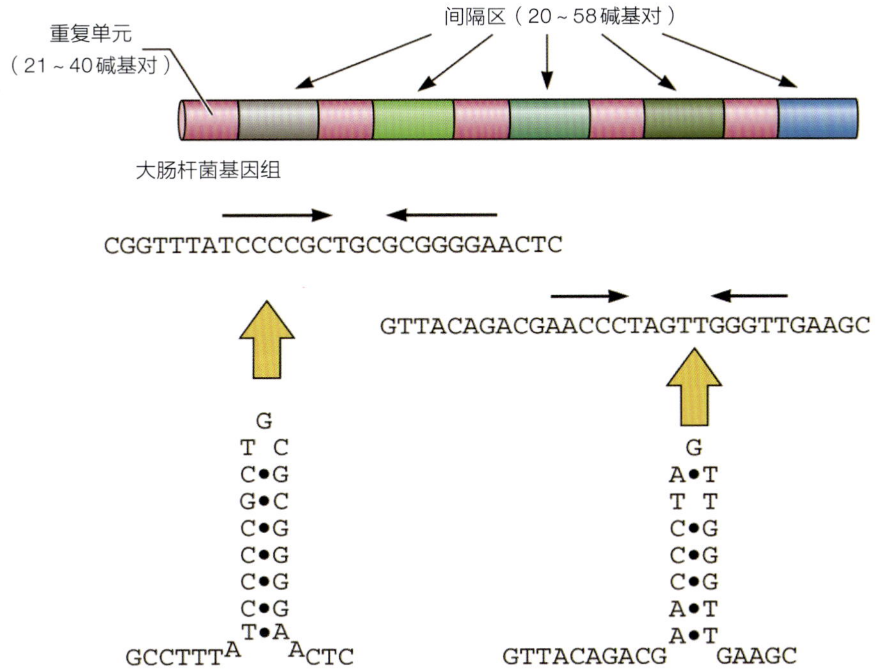

▲ DNA 中的回文（碱基配对后，像发夹或绳结）

1993 年，又有研究人员在地中海富盐菌 DNA 中找到了一个回文序列。

AACCCTAGTTGGGTT

TTGGGTTGATCCCAA

把它们按照配对的方式画出来，可以发现它们就像女生用的一个“发夹”，也像一个绳结。

科学家们虽然找到了这些有趣的序列，但是，无法找到它们的来源和用处。如果故事到此为止，这也只是遗传学界一个关于回文游戏的奇闻逸事，仅仅为研究生活增加一点有趣的色彩罢了。

战斗的记忆

有一位西班牙科学家莫吉卡没有放弃。他花了十几年时间，在多种细菌基因组中都找到了不同的回文系列，并正式取名为 CRISPR（clustered regularly interspaced short palindromic repeats），中文名：规律间隔成簇短回文重复序列。细菌界居然有这么多回文高手！

他认为，细菌不会无缘无故在DNA中玩回文、搞回文比赛，这些回文的出现一定有它的原因——自然界的一切现象，必然有它出现的原因。

在细菌的基因组中，回文每隔一段会重复出现，中间隔开的 DNA 片段，是间隔区，长短不齐，也无规律。

他到处寻找这个间隔区 DNA 的来源，最后发现这些间隔区的片段居然和病毒的基因很像。

这是怎么回事儿？细菌和病毒是天生的对头，细菌居然保留有病毒 DNA 的片段，而且还用有趣的回文隔开，做了标签。

莫吉卡接下来的猜测简直是神来之笔了：会不会是细菌在和病毒斗争过程中，把病毒的 DNA 片段截了下来，保留起来，以便下次可以识别，并能战胜病毒？这是细菌和病毒斗争过程中产生的免疫武器？这个回文标记，更像是细菌在“结绳记事”！

可以改编 20 世纪 80 年代末的一首流行歌的歌词来描述这个场景：

“为何一转眼，时光飞逝如电，看不清的岁月，抹不去的从前。就像一阵风，吹落恩恩和怨怨，也许你和我，没有谁对谁错。忘不了你的 AT，忘不了你的 CG，忘不了无情的剪断，更忘不了你的片段”。

虽然莫吉卡研究 CRISPR 的时间恰好也是 20 世纪 80 年代，但是，我以我的第二对染色体打赌，他不是从这首《忘不了》得到的灵感。

2003 年，莫吉卡把他的发现写成论文，却被 4 本杂志退稿拒绝，他提出的假说被斥责为胡思乱想。最后，等了 2 年之后，论文才在某本学术期刊上发表。

科学家们后来在回文序列的附近，发现了和 CRISPR 相关的蛋白，称为 Cas 蛋白，它可以“剪”开 DNA 链。

慢慢地，回文相关的秘密被解开了。

下图展示了完整的 CRISPR 基因座的结构。其中，CRISPR 序列由众多的重复序列区和间隔区组成。重复序列区是回文结构。

而间隔区比较特殊，它们是被细菌俘获的病毒 DNA 序列，相当于细菌免疫系统的“通缉令”。当病毒再次入侵时，CRISPR/Cas 系统就会拿着“通缉令”，予以精确打击。

上游的前导区是CRISPR序列的启动子和一系列Cas基因。Cas基因与CRISPR序列共同进化，

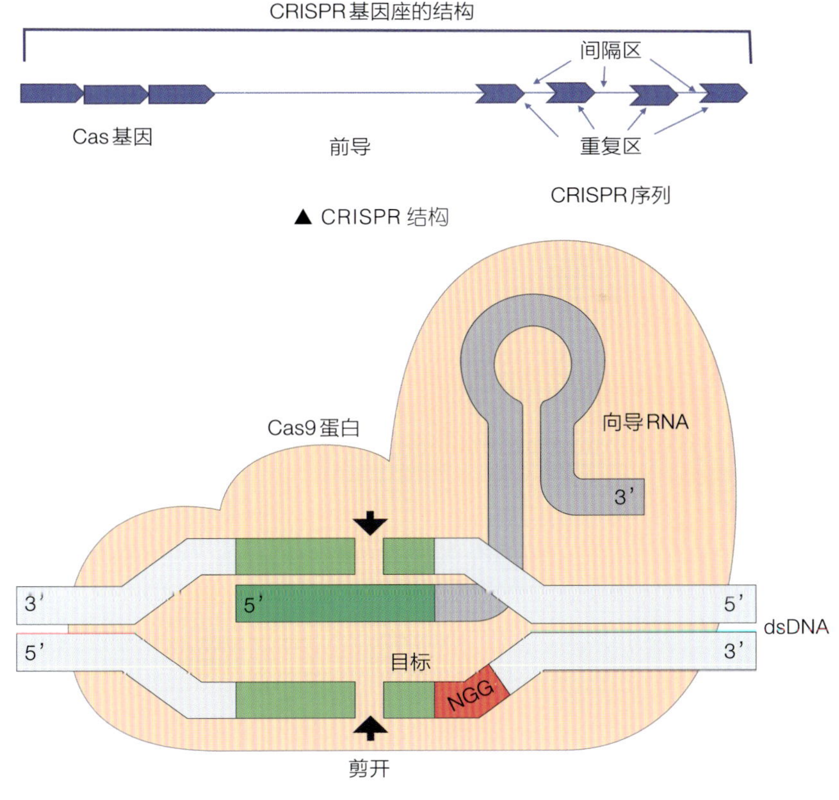

▲ CRISPR 结构

▲ 找到目标再下剪刀

形成了 CRISPR/Cas 系统。目前已经发现了 Cas1 ~ Cas10 等多种类型的 Cas 基因。

CRISPR/Cas9 系统是目前研究较多、应用较广的基因编辑工具。当病毒第一次入侵时，CRISPR/Cas9 系统首先剪下一段病毒的 DNA，作为标识病毒 DNA 的“通缉令”，加入 CRISPR，并用回文隔开作标记。

这段 DNA 并不是随便选的，而是看准了剪下去。细菌会选取病毒序列中带有“NGG”三个碱基的位置（N 可以是任何碱基），然后一刀下去，剪一段后面的 DNA。这三个碱基“NGG”是关键，可以说是“咽喉之处”。

当病毒第二次入侵时，CRISPR 系统找到“结绳记事”的地方，翻开它收藏的回文序列，然后去找“咽喉之处”——“NGG”，看后面有没有符合“通缉令”的片段，识别病毒 DNA。如果识别出病毒，就用“剪刀”把它们剪断，从而杀死病毒。细菌，看似结构简单的生命，居然也有这样复杂的生理机制。

如果用通俗的话来说，这个过程就是“怪物进村”“发现怪物”“记住怪物特征”“怪物又来了”“认出你来了”“鳄鱼剪咔嚓怪物”——千人万人之中，也不会认错你的背影。

CRISPR 简直就是回文大师，用回文来做标记，与病毒作斗争。放到诗词界，这是“醉里挑灯看剑，梦回吹角连营”能文能武的豪放派。

这真是：“基因为何有回文，原是病毒曾入侵。剪下一段作标识，下次再来不留情。”

3

绝代双娇

刀，可杀人，亦可救人。

剪刀，可伤人，也可裁剪旗袍礼服。

有两位集美貌和才华于一身的科学家，让 CRISPR 从仅仅是细菌抵抗病毒的工具，发出更加熠熠的光彩，成为基因编辑的利器。

她们不仅找到了一把精致锋利的剪刀——Cas9，还合成了一种非常厉害的“向导RNA”分

▲ 珍妮弗·道德纳（1964 年—　）

▲ 埃玛纽埃勒·沙尔庞捷（1968 年—　）

子，可以非常精确地引导“剪刀”，“指到哪儿剪到哪儿”。只要给出任何目标的DNA片段，这把“剪刀”就可以找到需要裁剪的目标基因，甚至精准到一个碱基对！

这简直就是安装了GPS的剪刀，可以“精准斩首”了——CRISPR/Cas9集剪刀与GPS一身。

有了 CRISPR/Cas9 这种编辑基因的手段，研究人员可以对基因进行定点的精确编辑，裁剪和修改动植物的 DNA 序列。

2012 年 6 月，道德纳和沙尔庞捷发表了对基因编辑系统的简要论述，在试管中实现了对 DNA 的精确切割。

紧接着在 2013 年 1 月，另一位科学家张锋将 CRISPR/Cas9 基因编辑系统成功地应用在哺乳动物和人类细胞上，成为首个用 CRISPR/Cas9 编辑哺乳动物细胞基因组的科学家。

2020 年，道德纳和沙尔庞捷获得了诺贝尔化学奖。

CRISPR/Cas9 最基础的应用就是基因敲除和基因敲入。

CRISPR/Cas9 中的向导 RNA，就是一个“带路党”，帮助系统找到匹配的目标 DNA，然后 Cas9 蛋白剪刀在 DNA 的上游“咔嚓”一刀、下游也“咔嚓”一刀，用两刀将 DNA 剪断。

因为生物体自身存在DNA损伤修复的机制，会将上下游两端断裂了的序列连接起来。这样一来，就实现了细胞中目标基因的敲除。如果用通俗的话来说，这个过程就是“带路者出发了”“找到目标”“嚓嚓两刀”“断了”“接起来了”。

如果在敲除的同时，加一个修复用的 DNA“补丁”来填补被敲掉的基因，就能完成基因敲入（knock-in）。用通俗的话来说，这个过程就是“带路者出发了”“找到目标”“嚓嚓两刀”“断了”“补上了”。

这就是：“锋利好剪刀，带路好向导。编辑有神器，基因小心敲。”

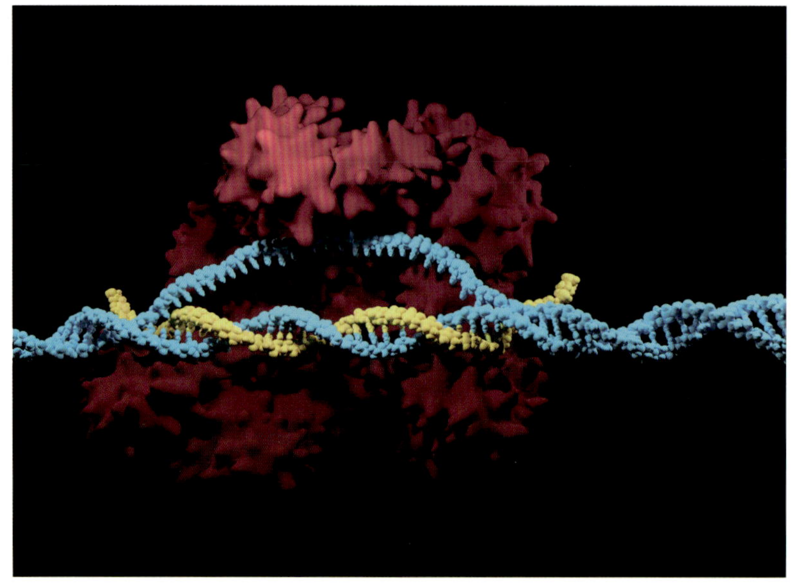

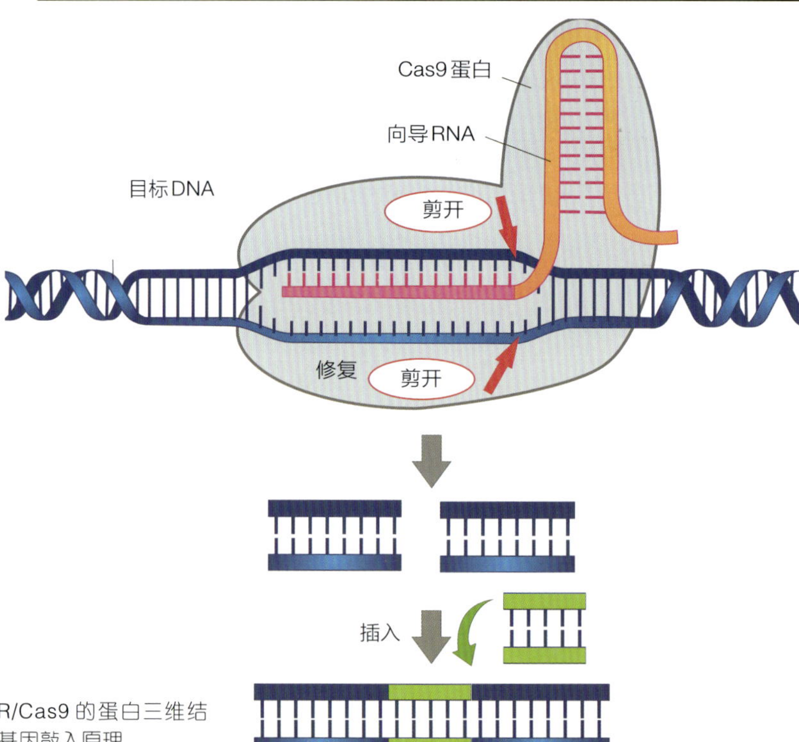

▲ CRISPR/Cas9 的蛋白三维结构图和基因敲入原理

基因编辑

基因敲入在治疗基因疾病方面大有作为，比如镰刀型细胞贫血病是因为编码血红蛋白的基因中某一个碱基 T 变异成了 A，导致蛋白质相应位置的谷氨酸被替换成缬氨酸。因此，只要用基因敲入把发生突变的 A 换成 T 就可以了。

再比如，CRISPR/Cas9 基因编辑技术正在农业上崭露头角。抗病毒的咖啡豆，高产量的稻子，更美味的西红柿，抗旱的玉米，抗褐斑的蘑菇，不久就会出现在人们的餐桌上。

“碧玉妆成一树高，万条垂下绿丝绦。不知细叶谁裁出，二月春风似剪刀。”

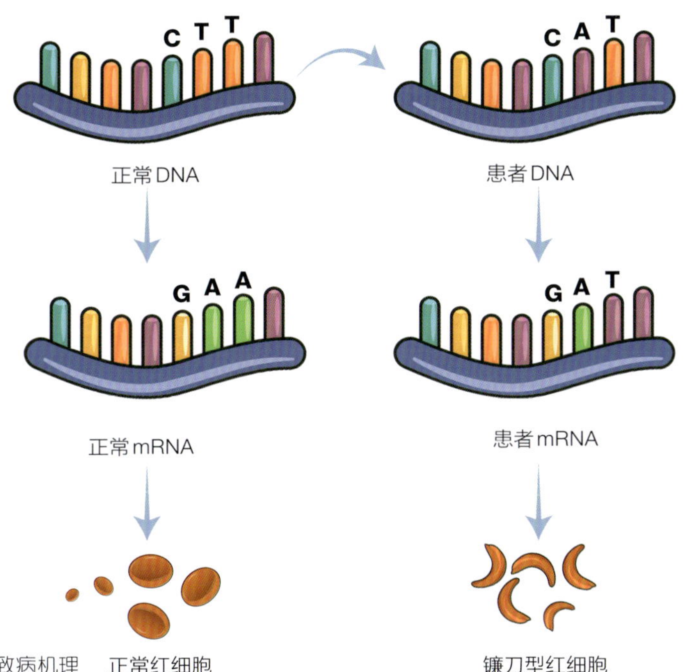

▶ 镰刀型细胞贫血症致病机理

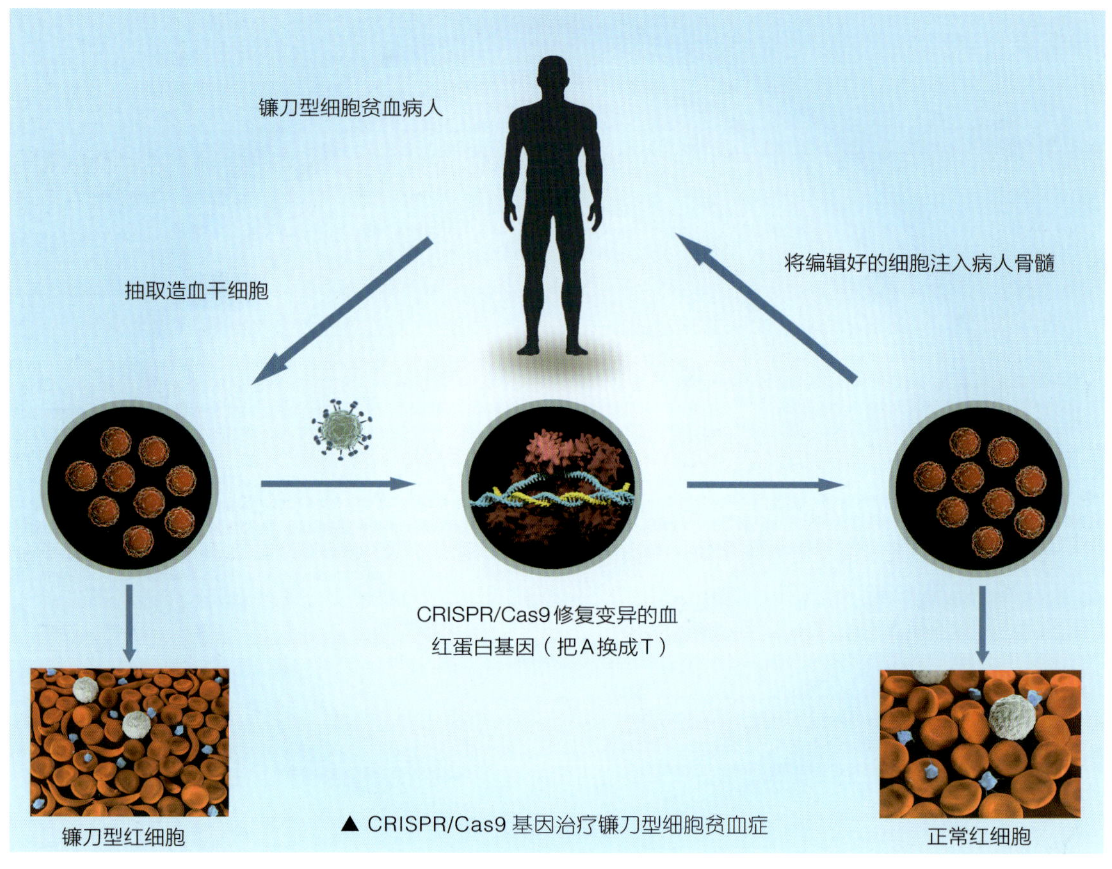

▲ CRISPR/Cas9 基因治疗镰刀型细胞贫血症

CRISPR/Cas9，一个按需定制的 DNA 定点剪切工具，它能否剪出一个基因编辑技术的明媚春天？

基因编辑技术在慢慢开始实用化的时候，也带来了道德和伦理挑战：哪些基因可以编辑？哪些基因不能编辑？人工编辑的基因会带来什么样的后果？

人类，右手执着一把双刃剑，左手托着一个潘多拉魔盒。拥有这一双手的人，脑子是否足够清醒冷静？

拥有了基因编辑的能力，从某种程度上来说，相当于拥有了“造物”的能力。是祸，还是福？取决于人类自己。

科学家 石野良纯、莫吉卡、道德纳、沙尔庞捷

模式生物 大肠杆菌

硬核知识

1. CRISPR 是细菌用来对抗病毒的武器，细菌利用 CRISPR 将病毒的 DNA 片段剪下，用回文序列标识，等下次病毒入侵时定位目标，以 Cas 蛋白作为剪刀，剪断病毒 DNA。
2. CRISPR/Cas9 在向导 RNA 的帮助下，可以精确寻找目标，敲除 / 敲入基因。

顺口溜

1. 基因为何有回文，原是病毒曾入侵。剪下一段作标识，下次再来不留情。
2. 锋利好剪刀，带路好向导。编辑有神器，基因小心敲。

思考题 如果你掌握了 CRISPR/Cas9 技术，最先想做的实验是什么？

《回文》

当漠外的病毒叩关，
谁能想到，
这被入侵的，微不足道的生物，
亿年来练就了好手段？

开初望风而起，
继而巧以斡旋，磨刀霍霍，
终于一刀两断，烟消云散。
那些铁马金戈的体验，
字字珠玑，写入了兵书流传。

刀剪似风春月二，
二月春风似剪刀，
麦陇青青，轻风剪剪，
回文中暗藏的回春之秘，
已被演化之树上，遥远的人类看见。

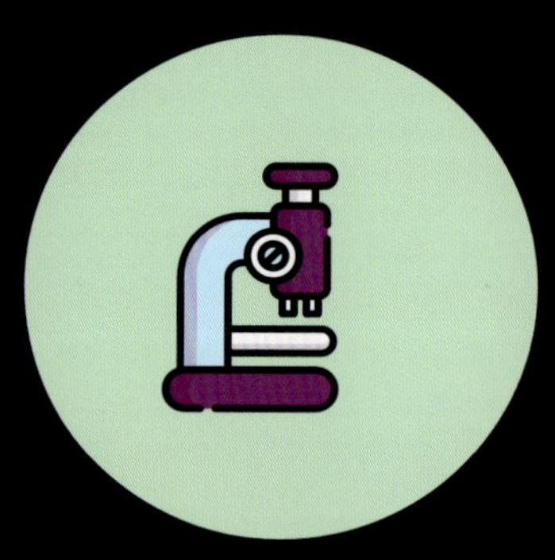

长生之梦

长 生 的 秘 密 ，

藏 在 控 制 生 命 的 密 码 之 中 。

四膜虫里的秘密

神龟虽寿，犹有竟时。螣蛇乘雾，终为土灰。
老骥伏枥，志在千里；烈士暮年，壮心不已。
盈缩之期，不但在天；养怡之福，可得永年。
幸甚至哉，歌以咏志。

——[汉]曹操《龟虽寿》

这是三国时曹操创作的一首四言乐府诗《龟虽寿》，表达了其老当益壮、积极进取的决心，但也说明了一个事实，生物终究不能长生不老。

那么，为什么不能长生不老呢？

1961 年，美国的微生物学家海弗利克研究来自胚胎和成体的成纤维细胞，发现了一个有趣的现象：胚胎的成纤维细胞分裂传代 56 次后，开始衰退和死亡。

这个 56 次被称为海弗利克极限。“万物生长靠分裂”，细胞不能分裂的时候，也就是寿命到大限之时。

那么，为什么细胞的分裂次数有极限呢？这个秘密是三位科学家通过一个非常不起眼的微生物来揭开的。

佛观一碗水，八万四千虫。

取一瓢池塘的水，除了看到绿藻，你可能会看到细小蠕动的虫子。有种叫做四膜虫的单细胞生物，是大自然中的一个神奇存在。

四膜虫作为虫子，很小；作为细胞，很大。沿前后轴 40～50 微米。它们通常栖息在溪流、湖泊和池塘中，靠着纤毛摆动前进，遇到能塞进嘴里的东西都是来者不拒，吃得倍香。

四膜虫是一种优秀的模式生物——它们极其好养，最快 2～3 小时就能繁殖一代。

它们具有多种高度复杂和专门化的细胞结构，基因组大约有 2.2 亿个碱基对，与果蝇差不多。

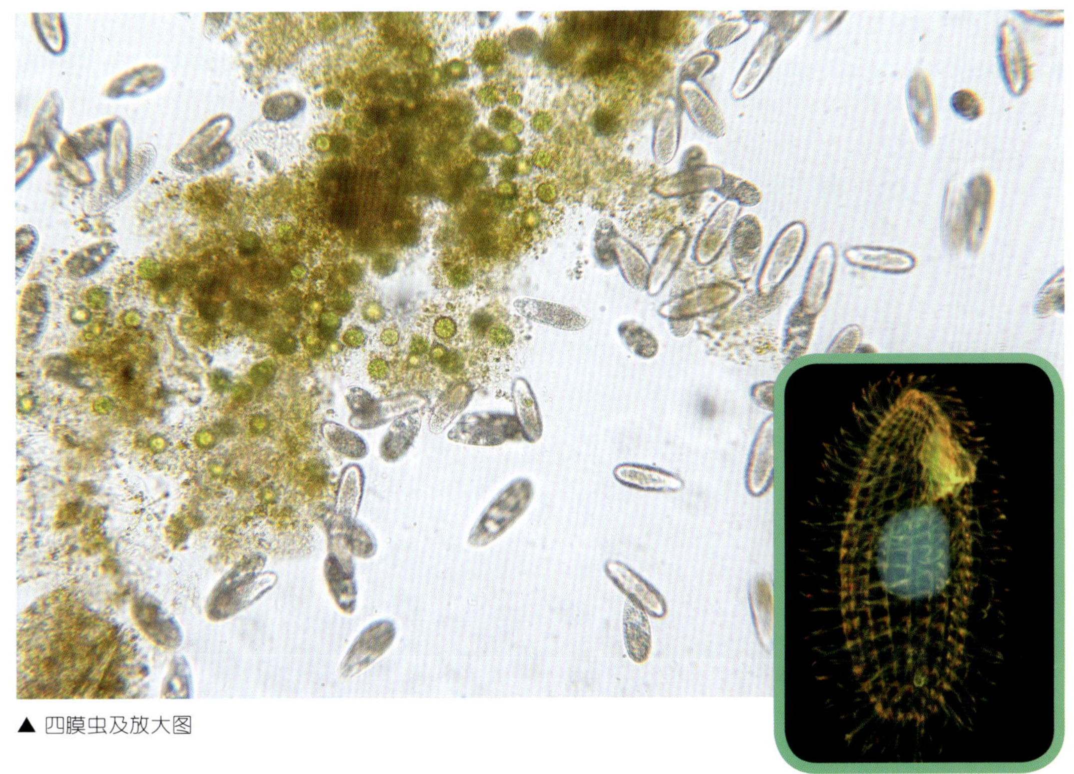
▲ 四膜虫及放大图

桑格的学生、美国女生物学家布莱克本在观察四膜虫染色体的时候，发现了一个很奇妙的现象：在四膜虫基因组的末端有重复的片段存在，C-C-C-C-A-A，而且重复 20～70 次之多。如果这是一首诗，那就是六言长诗了。

她后来又发现绝大多数真核生物的基因组末端，都是由特定的基本序列单元重复而构成的。如在脊椎动物细胞中，重复片段是 T-T-A-G-G-G。

染色体末端的结构，叫做端粒。

布莱克本接下来有了第二个发现：在正常人体细胞中，端粒随着细胞分裂而逐渐缩短。

细胞每分裂一次，其端粒的 DNA 丢失约 30～200 个碱基对，人的一些细胞端粒一般有大约 1 万个碱基对。细胞愈年轻，其端粒愈长；细胞愈老，其端粒长度愈短。

端粒的长度，随着年龄的增长而缩短，就像铁棒磨损一样，如果磨损得只剩下一小截时，细胞就接近衰亡了。

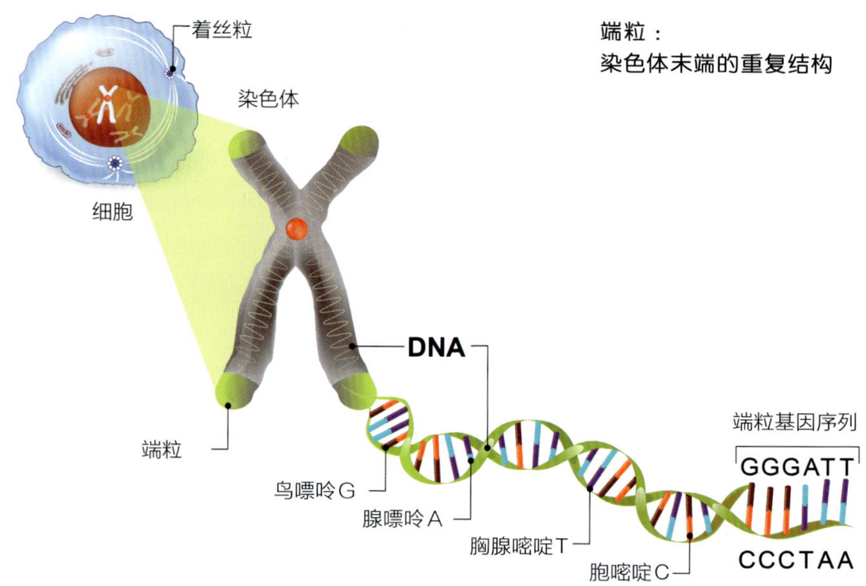

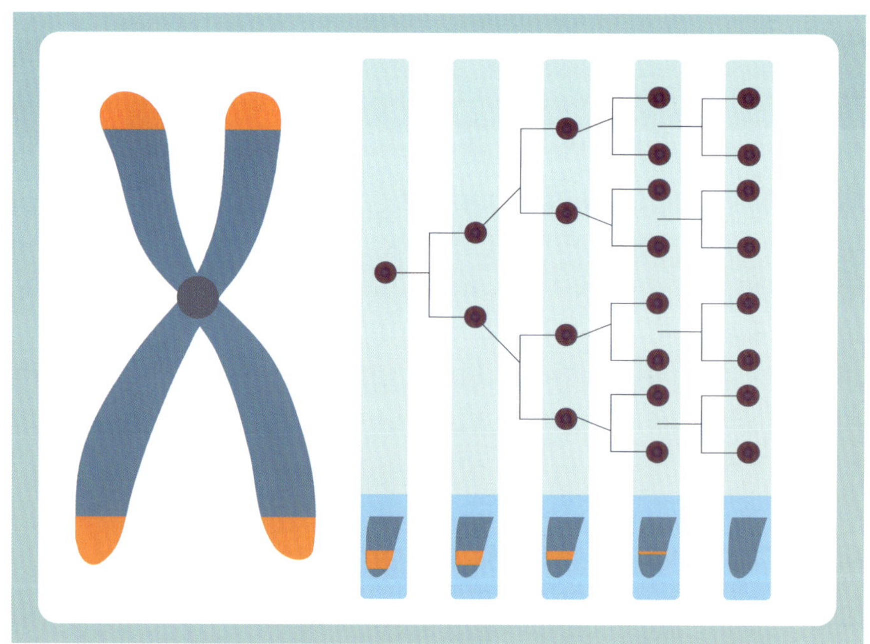

▲ 细胞，染色体和端粒；端粒长度随细胞分裂次数增加而缩短

布莱克本还有第三个发现：四膜虫的端粒在 DNA 复制过程中，不会缩短！

经过反复研究，她发现四膜虫细胞中存在一种酶叫端粒酶，它能修补端粒。

这是不是意味着找到了一种“神药”，可以让细胞一直分裂下去？

把端粒酶注入衰老细胞中，延长端粒长度，是否能使细胞年轻化？

给老人注射类似端粒酶的制剂，延长老者的端粒长度，是否可以达到返老还童的目的？

且慢，事情远远没有这么简单。我们“谈癌色变”的癌细胞也有端粒酶。癌细胞可以野草一般不受控制地疯狂生长，就是因为端粒酶不断修复端粒！据估计有 90% 的恶性肿瘤，是因为端粒酶使细胞实现了“永生”！

用端粒酶抗衰老，目前只具理论价值，连相关的动物实验都很少。即使人体细胞具有了端粒酶，能否真正长生也是个值得打上问号的问题。因为端粒酶仅仅解决了修补端粒长度的问题，并不能解决 DNA 复制时的变异问题。长生并非如想象得那么简单，不是单单一个端粒酶就能实现。

“端粒头上现重文，海弗利克极限真。四膜虫中修奇酶，寻来可否结长生？”

布莱克本、格雷德和绍斯塔克因为发现染色体末端的端粒及其作用，在 2009 年获得诺贝尔生理学或医学奖。绍斯塔克是 CRISPR 发明人道德纳的老师。

▲ 伊丽莎白 · 布莱克本（1948—　）

▲ 卡罗尔 · 格雷德（1961—　）

▲ 杰克 · 绍斯塔克（1952—　）

2

这样的虫也敢称秀丽

科学家想要在自己有限的生命中研究长生，需要找到一种本身寿命很短的生物来做实验。从短寿的生物中寻找长生的奥秘，这也是哲学上很有意思的话题。

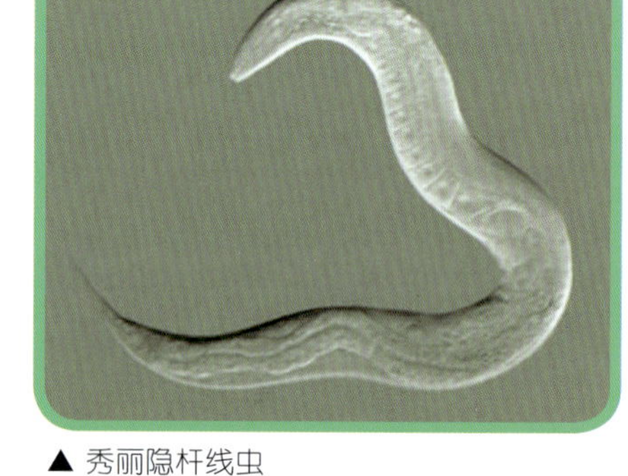

▲ 秀丽隐杆线虫

从 1965 年起，科学家布伦纳分离了多种线虫株系，并得到几种突变体，找到了一种称为“秀丽隐杆线虫”的虫子，并把它作为分子生物学和发育生物学研究领域的模式生物。

这位布伦纳是分子生物学的创始人之一。

1960 年，他和雅各布、梅塞尔森设计了一系列实验，证实了 mRNA 的存在。

1961 年，他与克里克用实验证明了蛋白质翻译是采用“三字经”——三个碱基构成的密码子。

布伦纳和萨尔斯顿、霍维茨因为在线虫方面的开拓性研究，获得了 2002 年诺贝尔生理学或医学奖。

他们研究的秀丽隐杆线虫，是一种无毒无害、可以独立生存的线虫。它的个体小，成体仅 1.5mm 长，平均繁殖力为 300 ~ 1400，寿命在 20 ~ 30 天左右。

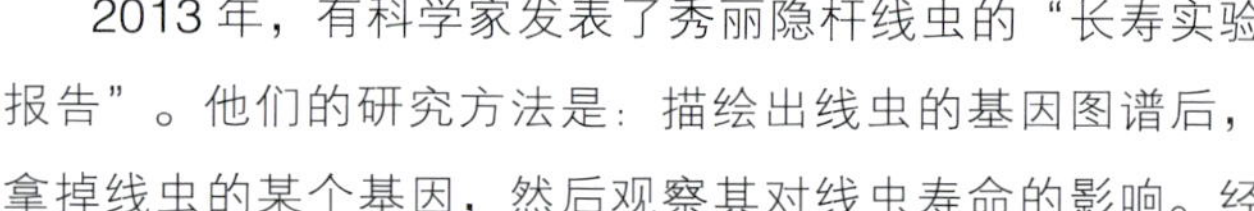

2013 年，有科学家发表了秀丽隐杆线虫的“长寿实验报告”。他们的研究方法是：描绘出线虫的基因图谱后，拿掉线虫的某个基因，然后观察其对线虫寿命的影响。经

◀ 悉尼 · 布伦纳（1927—2019）

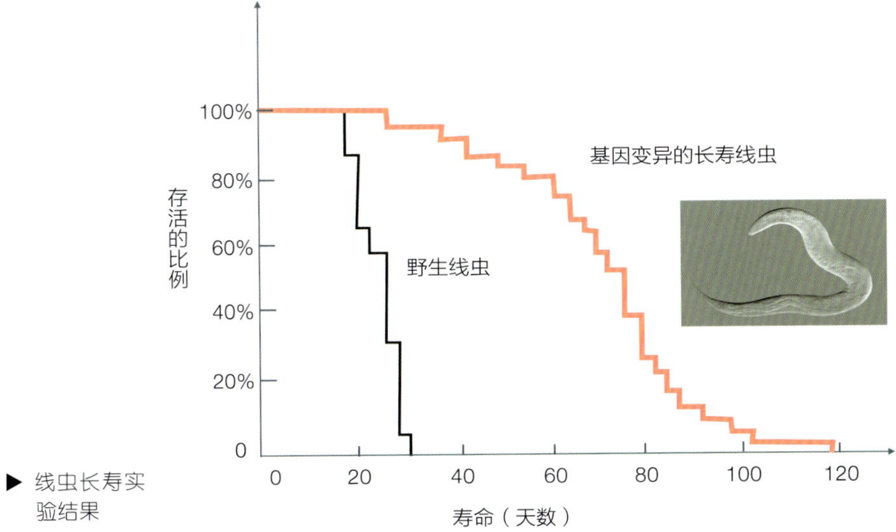

▶ 线虫长寿实验结果

过大量的研究，发现线虫的某几个特定的基因被拿掉后，线虫的寿命显著增长，能够存活几个月时间。这要是换成人来说，相当于人活到三百多岁。

那么，与衰老相关的基因通路开关是线虫所独有的吗？人类身上是不是也有类似的基因开关呢？

3 不死的细胞

我们来讲一下与人类长生相关的第三个话题——海拉细胞。

1951 年 1 月，一位美国黑人妇女海瑞塔 · 拉克斯发现自己的腹部出现了一个硬块，随即前往约翰 · 霍布金斯大学医院接受治疗。

诊断结果显示，拉克斯患上了子宫颈癌。主治医生从拉克斯身上采集了癌组织标本。

令人不解的是，从拉克斯身上采集的细胞并没有死亡，而是出现了生长迹象，每隔 24 小时细胞数量就增加一倍。

现代科学研究表明，这些细胞不死的原因，在于引发子宫颈癌的人类乳头瘤病毒（HPV），能任意改变与正常细胞寿命及分裂有关的“开关”，从而使得细胞“长生不死”，这即意味着，只要有合适的培养环境，它们就能在细胞培养基中无限分裂下去。

这个“永生的”细胞，被取名为海拉细胞，这一名字源于原患者海瑞塔·拉克斯的姓名前两字母。

在以后的岁月中，海拉细胞被提供给了世界各地的研究机构，用于研究癌症和新药研发等。据推算，迄今人类培养出的海拉细胞已经超过了 5000 万吨，其体积相当于 100 多幢纽约帝国大厦。

海拉细胞曾被用于调查原子弹爆炸对人体造成的影响，也曾搭载美国和苏联的火箭升空，被人们用于研究失重状态下的细胞增殖。

据医学及生物学数据库“PubMed”显示，与海拉细胞有关的论文数超过了 65000 篇。进入 21 世纪以来，已经有 5 个基于海拉细胞的研究成果获得了诺贝尔奖。

拉克斯墓碑上镌刻着这样一行字：“她的细胞，将永远造福于人类。”

她的细胞，
将永远
造福于人类。

▼ 海拉细胞

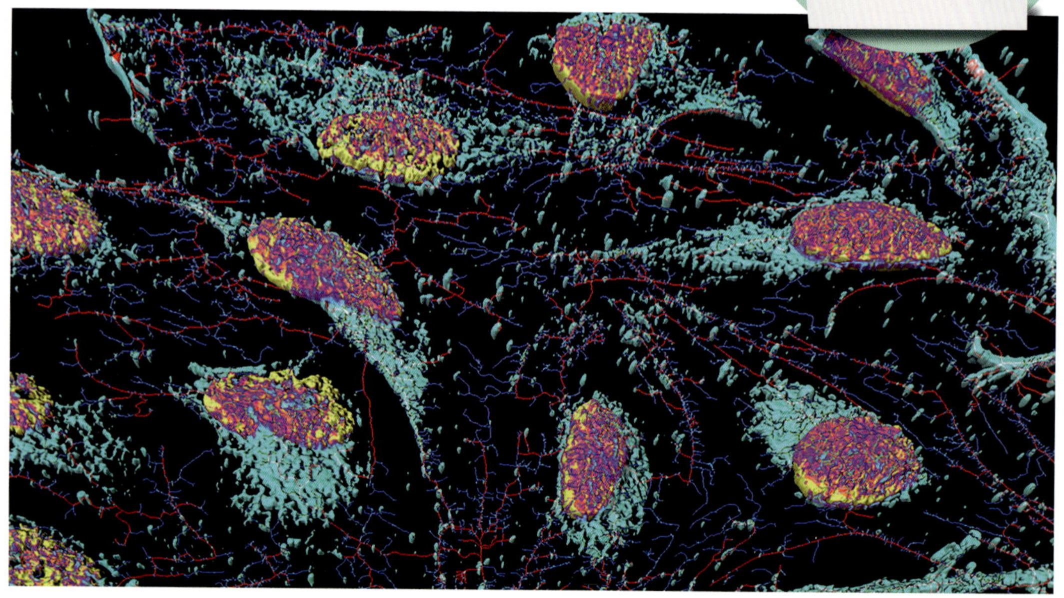

4

敢问路在何方

人的寿命，既受遗传因子的影响，也受后天生活习惯和环境的影响。

寻找潜在衰老基因的一种方法，是寻找百岁老人与平均年龄个体之间的遗传差异。

中国人的平均寿命为 78 岁，但只有极少数人能活到 100 岁。与没有百岁兄弟姐妹的人相比，百岁老人的兄弟姐妹存活到 100 岁的可能性要高 8 ~ 17 倍。有一项统计研究数据来自波士顿地区拥有欧洲血统的 137 个长寿兄弟姐妹组，该数据显示，4 号染色体上的基因座与长寿有关联。不过，这一发现无法在法国或德国人中得到验证。

端粒酶、线虫的基因开关、海拉细胞、4 号染色体，哪一个才是答案？

如此看来，解开长寿之谜仍然是“路漫漫其修远兮，吾将上下而求索”了。

实际上，我们每一个人的基因，比我们自身的生命更长寿，因为我们把一半的基因留给了后代。我们的基因在后代的身上生存，在血脉中延续。

而 DNA 作为一种具备遗传功能的分子，比任何一种生物都长生。地球上发生过五次惨烈的物种大灭绝，但是，DNA 生存至今。它在恶劣的环境中顽强生存，一旦条件好转，便又焕发出蓬勃的生机。

在 DNA 的历史上，我们人类只是一个历史很短的承载体，一个容器！

或许在千万年以后的哪一天，在物种意义上的现代人类可能不复存在了，但是，DNA 仍然会在这个星球上生机勃勃，甚至迁徙到星空的深处。

仙人抚我顶，结发受长生。

仙人抚我顶，
结发受长生。
——［唐］李白《经乱离后天恩流夜郎忆旧游书怀赠江夏韦太守良宰》

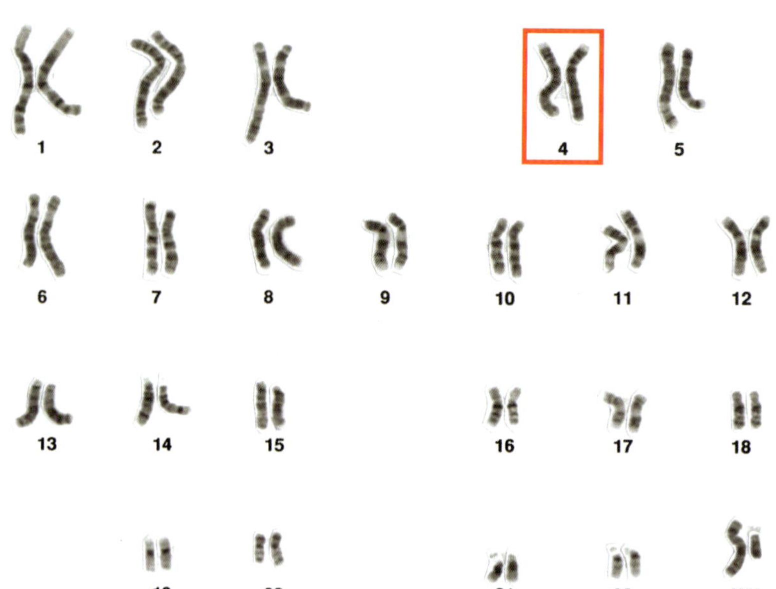

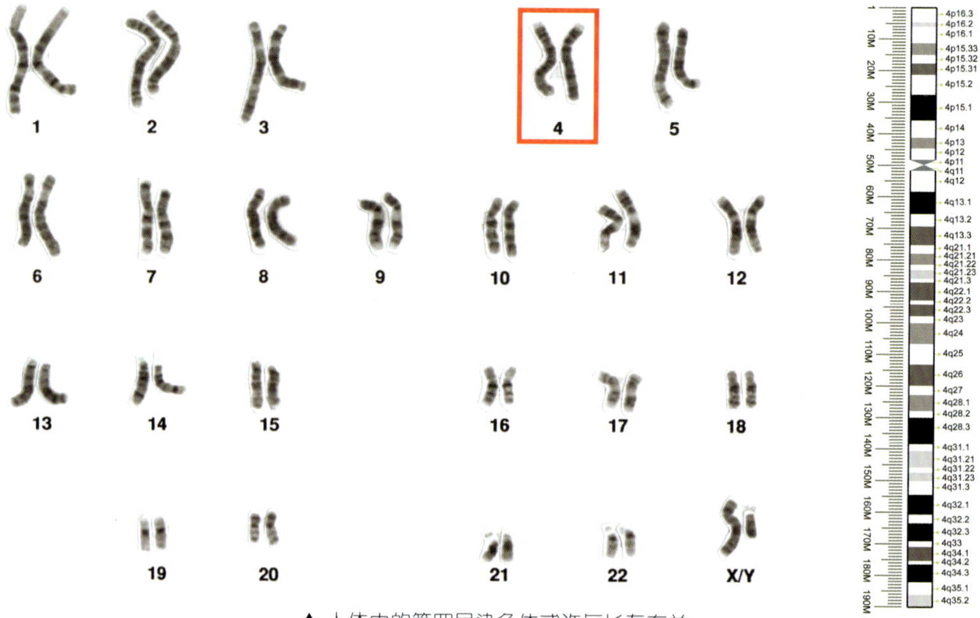

▲ 人体内的第四号染色体或许与长寿有关

科学家

布莱克本、格雷德、绍斯塔克、布伦纳

模式生物

四膜虫、秀丽隐杆线虫

硬核知识

1. 细胞分裂时端粒长度减短，是造成细胞分裂存在海弗利克极限的原因。
2. 端粒酶可以修复端粒。
3. 人的寿命除了端粒因素，还与很多基因开关有关。

顺口溜

端粒头上现重文，海弗利克极限真。四膜虫中修奇酶，寻来可否结长生？

思考题

写一篇关于长寿的科幻小说。

《端粒与端粒酶》

一生可以经历多少次分离？
每一次，不得不有一些失落和舍弃，
比如，掌中的温暖，褪色的相片，
比如，每一条染色体上渐渐磨去的两端。

酶，是什么？
是让时光回溯，
是不断修复一节节鲜活的记忆，
是盼归的风中，恍若从前的那一个少年。

人啊，认识你自己！